钻石

鉴定、评估与鉴赏

王 昶　申柯娅　◎编著

化学工业出版社

·北京·

内容简介

本书详细地介绍了钻石的基本性质以及钻石的成因与资源分布特征，系统地阐述了钻石（包括优化处理钻石以及合成钻石）的鉴定特征和钻石仿制品的鉴别，全面地分析了钻石的"4C"评价标准，并从钻石鉴赏的角度，介绍了世界上已经发现的特大钻石及部分珍贵的历史名钻。

本书作为一部专门介绍钻石的书籍，内容丰富而翔实，图文并茂，可作为广大钻石爱好者和鉴赏者、珠宝首饰专业学生和从业人员了解钻石的参考书，也适合广大的钻石首饰消费者阅读。

图书在版编目（CIP）数据

钻石：鉴定、评估与鉴赏/王昶，申柯娅编著. —北京：
化学工业出版社，2020.11
ISBN 978-7-122-37546-9

Ⅰ.①钻…　Ⅱ.①王…②申…　Ⅲ.①钻石-鉴定-
手册②钻石-鉴赏-手册　Ⅳ.①TS933.21-62

中国版本图书馆CIP数据核字（2020）第153041号

责任编辑：邢　涛　　　　　　　　　　文字编辑：袁　宁　陈小滔
责任校对：宋　夏　　　　　　　　　　装帧设计：韩　飞

出版发行：化学工业出版社（北京市东城区青年湖南街13号　邮政编码100011）
印　　装：北京瑞禾彩色印刷有限公司
710mm×1000mm　1/16　印张11¼　字数177千字　2021年1月北京第1版第1次印刷

购书咨询：010-64518888　　　　　　　售后服务：010-64518899
网　　址：http://www.cip.com.cn
凡购买本书，如有缺损质量问题，本社销售中心负责调换。

定　　价：88.00元　　　　　　　　　　　　　版权所有　违者必究

前　言

　　钻石被誉为"宝石之王"，是大自然馈赠给人类的瑰宝。钻石源自远古，在漫长的地质演化过程中，逐渐孕育于地球深部炽热的岩浆中，并伴随着剧烈的火山活动，从地球的深部来到地表，并在地质作用过程中局部富集形成钻石矿。钻石的形成年代，可以追溯到几千万年乃至数十亿年前。钻石带着与生俱来的神奇魅力和璀璨光彩，自古以来，就一直被历代统治者视作财富、权力、地位、身份尊贵的象征。如今，钻石已不再神秘莫测，更不是只有王室贵族才能享用的珍品，它已经走进了寻常百姓之家。

　　钻石以其特有的晶莹剔透、纯洁无瑕和坚硬无比的性质，被视作永恒的信物，最能表达爱情、纯洁和忠贞等情感。随着我国经济的不断发展，伴随着国人收入的不断增长，以及"钻石恒久远，一颗永流传"广告语的深入人心，人们把钻石视作爱的语言，表达永恒之爱，钻石首饰已经成为我国珠宝首饰消费者的首选。今天，人们更多地把它看成是爱情和忠贞的象征，用作结婚纪念的钻石首饰，象征着爱情的纯洁无瑕和地久天长。

　　随着我国改革开放的不断深入，人民的物质文化生活水平的不断提高，钻石首饰已成为国人首选的珠宝首饰种类，这带来了钻石首饰消费的持续增长。据统计资料显示，目前我国已成为继美国之后的世界第二大钻石消费国。伴随着社会需求的不断增长，钻石资源的稀缺性越来越受到人们的重视。钻石形成的年代久远，但人们发现和认识钻石，却只有短短几百年的历史，人类对钻石的认识、开发、研究、利用，是随着科学技术的发展而不断进步的。尤其是近年来，随着国内外有关合成钻石技术的日趋成熟，相应的钻石鉴定检测技术也取得了长足的进步。如何快速、准确地鉴定合成钻石，这是钻石市场发展不容回避的问题，让消费者认识和了解这方面的知识和进展刻不容缓。此外，钻石的优劣，国际上通行依据钻石的颜色（Colour）、净度（Clarity）、切工（Cut）和克拉重量（Carat weight）四个因素，进行评估分级。由于每个评价因素英文单词的首字母均为"C"故俗称"4C"标准。钻石的评估分级，在钻石贸易中具有十分重要的意义。伴随着钻石行业的发展，我国颁行了以"4C"分级标准为基础的《钻石分级》国家标准，并根据市场的发展状况，不断地予以补充和完善，并加以贯彻实施，对我国钻石行业的发展起到了良好的推动和促进作用。但是，与发达国家相比，我国的钻石行业起步相对较晚，从业人员的专业素质，钻石知识和文化的普及程度，仍存在着一定的差距。广大的钻石消费者，渴望了解更多的钻石知识。这也使我们萌生了撰写一本既介绍钻石基本特征、鉴定、评价知识，又涵盖钻石文化方面的书籍，本书就是在这样的背景下完成的。希望本书的出版，能为珠宝首饰行业的从业人员，提供较为全面的钻石专业知识，为广大消费者认识和了解钻石，理解和掌握相应的钻石知识，起到一定的促进作用。

本书由广州番禺职业技术学院珠宝学院王昶、申柯娅共同完成，稿成后由王昶负责统稿、审订并付梓。在本书的写作过程中，我们始终得到了许多从事珠宝首饰专业教育的师长和朋友的大力支持和帮助。向一直给予笔者鼓励、支持和帮助的广州番禺职业技术学院珠宝学院副院长袁军平教授级高级工程师，以及广州番禺职业技术学院珠宝学院的全体教师表示衷心的感谢。

由于笔者水平有限，书中的谬误和疏漏之处诚恳期盼广大读者批评指正，在此表示衷心感谢。

王昶
2020 年 8 月

目 录

第一章

钻石的基本特征

chapter
one

钻石（Diamond），熠熠生辉、光芒四射，既明艳动人，又坚不可摧，素有"宝石之王"的美誉，矿物学中称为金刚石。英文名Diamond，源自希腊语Adamas，意为坚硬无比或不可征服。钻石是已知自然界中最坚硬的物质，也是公认的最为珍贵的宝石，用作四月的生辰石，象征着爱情的坚贞、纯洁和永恒。

一、钻石的化学成分

钻石的化学成分为碳（C），它是完全由碳原子结晶而成的矿物，也是所有宝石中唯一由单一元素组成的宝石。钻石中常含有氮（N）、硼（B）、氢（H）等微量杂质元素。其中N的含量可在一定的范围内变化，并可在钻石的晶体结构中形成各种缺陷中心和颜色中心（色心），使钻石带有深浅不同的黄色调。硼（B）元素的存在，常使钻石呈现蓝色，并使钻石具有半导体的性能。

二、钻石的分类

钻石中最常见的微量元素是氮（N）元素。氮（N）以类质同象形式替代碳（C）而进入晶格，氮（N）原子的含量和存在形式，对钻石的性质有着重要的影响，同时也是钻石分类的依据。

根据钻石中是否含有微量元素氮（N），可将钻石分为Ⅰ型钻石和Ⅱ型钻石。再根据氮（N）原子在晶格中存在的不同形式及特征，可进一步将Ⅰ型钻石分为Ⅰa型和Ⅰb型；根据钻石中是否含有微量元素硼（B），可将钻石进一步分为Ⅱa和Ⅱb类型。

1. Ⅰa型钻石

Ⅰa型钻石内氮（N）原子呈有规律的聚合状态，存在于钻石的结构中。具体可以分为以下几种情况。

（1）双原子氮。若氮（N）以双原子形式同时替代钻石中两个相邻的碳原子，并形成稳定的聚合态时，称为ⅠaA型钻石，这种聚合的形式称为A集合体。A集合体的特征吸收谱带是红外光区1282cm^{-1}的吸收。

（2）三原子氮。长时间地处于高温高压环境，可使钻石中的氮（N）进一步聚合成3个氮（N）原子，沿钻石晶体的（111）方向取代3个相邻的碳（C）原子，并在3个氮（N）原子中间留下一个结构空穴时，称为三原子氮。三原子氮加空穴组成的形式称为N3中（色）心。N3中（色）心可导致可见光紫区415.5nm强吸收，它是钻石产生黄色色调及蓝白色荧光的主要原因。

（3）4～9原子氮。若钻石晶体结构中，由4～9个氮（N）原子依一定的结构方向，占据碳（C）原子的位置（常见四个氮原子加一个空穴）时，称为ⅠaB型钻石，这种聚合的形式称为B（或B1）集合体。B（或B1）集合体，以红外区1175cm^{-1}处强吸收谱带为识别特征。

（4）片晶氮。若ⅠaB型钻石氮的含量达到一定程度，聚合成50～100nm大小（通常为几个原子厚的扁平层），且在电子显微镜下可直接观察到片状物时，通常会导致片晶氮的产生。小片晶是沿钻石晶体的（100）面上相邻层面原子间N—N连接的三价氮原子的双层析离物，周围被C原子所包围。这种片晶氮通常称为B2中心，它的主要识别标志是红外光区1365～1370cm^{-1}有强吸收谱带。

2. Ⅰb型钻石

Ⅰb型钻石在自然界中很少见，内含氮（N）以分散的单原子状态，随机占据晶体结构中碳（C）的位置。在红外光谱1130cm^{-1}有强吸收谱带，且1130cm^{-1}明显强于1280cm^{-1}吸收谱带。这类钻石多呈鲜艳的黄色。在一定的温度、压力及长时间的作用下，Ⅰb型钻石可以转化为Ⅰa型钻石。

Ⅰa型钻石在温度为1000～1400℃的上地幔中，可保存较长时间。而在相同的条件下，Ⅰb型钻石保存时间不超过50年，就会发生向Ⅰa型转化的过程。因此，天然钻石以Ⅰa型为主，而合成钻石以Ⅰb型为主。

3. Ⅱa型钻石

Ⅱa型钻石不含氮（N）或其他杂质，成分非常纯净，可因碳（C）原子位错而造成晶格缺陷，一般不吸收可见光，通常为无色透明。Ⅱa型钻石不导电，在所有的钻石类型中，它具有最高的导热性，室温下至少是铜的5倍。

4. Ⅱb型钻石

Ⅱb型钻石可含有少量的硼（B），使钻石呈现蓝色。在红外光谱2800cm^{-1}有强的吸收谱带，Ⅱb型钻石是半导体，而且是天然钻石中唯一能导电的。

钻石的分类及特征，见表1-1。

表1-1　钻石的分类及特征一览表

分类及依据	Ⅰ型含一定量的氮杂质				Ⅱ型不含氮、硼等杂质	
	Ⅰa				Ⅰb	Ⅱa	Ⅱb
	氮以聚合态的形式存在				氮以单原子形式存在	不含氮，碳原子因位置错移造成缺陷	不含氮，含少量硼元素
杂质元素存在的形式及亚类	双原子氮 ⅠaA	三原子氮 ⅠaAB	4～9 原子氮 ⅠaB	片晶氮 ⅠaB2	孤氮		分散的硼替代碳的位置
晶体缺陷中心	N2/A 中心	N3 中心	B/B1 中心	B2 中心	N/C 中心		B 中心
红外光吸收光谱 /cm^{-1}	1282		1175	1365～1370	1130	1100～1400 之间不吸收	2460、2800
可见光吸收光谱 /nm	N2、N3 中心吸收蓝光、紫光，其中 N3 以 415 吸收为特征，另外还有 423、435、465、475nm 吸收。B1、B2 不吸收可见光				503、637 弱吸收，紫外光 270- 蓝绿光吸收	不吸收可见光	可见光区无明显吸收峰
紫外光吸收光谱 /nm	能透过至 330nm 的紫外光				同Ⅰa型	能透过至 220nm 的紫外光	同Ⅱa型
颜色特征	无色 - 浅黄色（一般天然黄色钻石均属此类型）				无色 - 黄色、棕色（所有合成钻石及少量天然钻石）	无色 - 棕色、粉红色（极稀少）	蓝色（极稀少）
紫外荧光	常有蓝色荧光，少有绿、黄、红等色荧光，也可以没有荧光				同Ⅰa型	大多数没有荧光	同Ⅱa型
磷光性	具有强的蓝白色荧光者，可有磷光					无磷光	有磷光
导电性	不导电				不导电	不导电	半导体
其他	占天然钻石产量的98%				绝大多数为合成钻石，天然钻石中极少	数量极少，但是大钻石，都属于这种类型	罕见，常呈蓝色

三、钻石的晶体结构

钻石属等轴晶系，碳（C）原子位于立方体晶胞的角顶及面心，每一个碳（C）原子周围有四个碳（C）原子围绕，形成四面体配位，整个晶体结构可视为以角顶相连接的四面体组合（图1-1）。

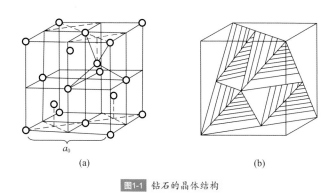

(a)   (b)

图1-1 钻石的晶体结构

C—C原子成四面体状，以共价键相连接，由于共价键具有饱和性和方向性，碳（C）原子间的连接十分牢固，导致钻石具有高硬度、高熔点、高绝缘性和非常稳定的化学性质，无论是强酸或强碱都不能腐蚀它，甚至放在酸、碱溶液中煮，也不会发生变化。钻石虽然有很高的熔点，但在空气中若将钻石加热至700～900℃时，钻石就会出现燃烧现象，部分钻石会出现焦痕，也就是钻石中的碳，开始转化成二氧化碳或一氧化碳的缘故。当加热到1700℃时，钻石就会迅速碳化。自然光及各种人造光源对钻石的稳定性没有影响。

四、钻石的晶体形态

钻石的晶体形态可以分为单形和聚形两种类型。单形是指由对称要素联系起来的一组晶面的总和，聚形是指由两种以上的单形聚合在一起所构成的晶体。钻石常见的晶体形态为八面体（图1-2），其次为菱形十二面体和立方体等，以及上述三种单形组成的聚形（图1-3～图1-5）。

图1-2　八面体钻石

图1-3　菱形十二面体钻石

图1-4　聚形钻石晶体

图1-5　各种不同晶体形态的钻石

自然界中的钻石若处于理想的生长环境下，同一单形的晶面应该是同形等大。但这种理想的晶形很少见，多数晶体由于所处物理化学条件的改变，会出现晶面生长不均，晶体常出现歪晶，晶棱、晶面常弯曲成浑圆状等复杂的晶体形态。晶面上还有三角形、四边形、网格状、锥形等蚀象及阶梯状生长纹（图1-6）。

图1-6　八面体钻石上的阶梯状生长纹

五、钻石的力学性质

1. 钻石的硬度

钻石是自然界中最硬的物质，莫氏硬度（H）为10，具有极强的抵抗外来刻划、压入和研磨等机械作用力的能力。莫氏硬度表示的是宝石之间的相对硬度，钻石的绝对硬度远远大于莫氏硬度计中的其他矿物，大约是莫氏硬度为9的矿物（刚玉）的140倍，莫氏硬度为7的矿物（石英）的1000倍。

2. 钻石的解理

钻石受到外力敲击时，往往沿八面体方向裂开，形成四组中等的解理。成品钻石腰棱部位，常出现的"胡须"状现象和小的"V"形缺口，主要就是由钻石的解理导致的。钻石切磨时劈开钻石，也是利用了钻石的这一特性。

钻石虽然是人类所发现的自然界最硬的物质，但它很脆，即怕重击，重击后容易产生裂纹甚至破碎。

3. 钻石的相对密度

钻石的相对密度为3.52，由于成分单一，所以相对密度比较稳定，透明钻石的相对密度较稳定，而彩色钻石的相对密度偏高，含有较多杂质和包裹体的钻石相对密度略有变化。

六、钻石的光学性质

1. 钻石的颜色

钻石的颜色总体上可分成三个系列：无色至浅黄（灰）色系列、褐色系列和彩色系列。

（1）无色至浅黄色系列钻石。包括无色、近无色、微黄白至明显浅黄色调的钻石，自然界产出的绝大多数钻石属于此系列。

（2）褐色系列钻石。包括浅褐色至深褐色的一系列钻石（图1-7）。

（3）彩色系列钻石。指具有特征色调的钻石，彩色钻石可呈现可见光光谱中的所有色调，包括黄色、粉红色、蓝色、橙色、红色、绿色、紫色等，其中最罕见的是红色（图1-8～图1-10）。大多数彩色钻石颜色发暗，颜色艳丽的彩色钻石，是极为罕见的。彩色钻石是由于少量杂质元素氮（N）、硼（B）和氢（H）原子进入钻石的晶体结构，形成各种色心而产生的颜色。另一种原因是晶体塑性变形而产生位错、缺陷，对某些光能的吸收而使钻石呈现颜色。彩色系列钻石自然界产出极少，价值很高。

2. 钻石的光泽、透明度和折射率

钻石具有典型的金刚光泽。纯净的钻石是透明的，但由于常有杂质元素进入矿物晶格或有其他矿物包裹体的存在，钻石可呈现半透明，甚至不透明。钻石的折射率为2.417。

图1-7 褐色钻石

图1-8 黄色钻石

图1-9 粉红色钻石

图1-10 蓝色钻石

3. 钻石的火彩

当白光进入钻石，并在钻石内部传播时，由于不同波长的光在钻石中的折射率不同，白光就会折射成在微小角度范围内依次散布的红、橙、黄、绿、青、蓝、紫七色霓虹般光彩，呈现光辉灿烂和晶莹似火的光学效应，这种现象称为钻石的色散（图1-11）。这种强烈的色散现象，是钻石最珍贵的特征之一，是任何其他宝石和玉石所望尘莫及的。所以钻石是唯一的集高硬度、强折射率和高色散于一体的宝石品种，这也是它能成为宝石之王的原因所在。钻石具有高的色散值0.044，宝石工匠利用这一特性，按照一定比例进行切割、琢磨和抛光后，钻石的表面呈现出五颜六色的晶莹似火的光学效应，称为钻石的"火彩"（图1-12、图1-13）。

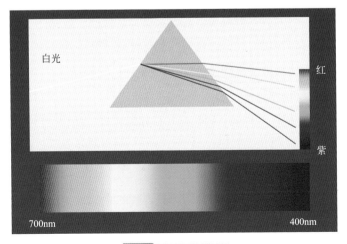

图1-11 钻石的色散原理

图1-12　钻石的火彩示意图

图1-13　钻石的火彩

4. 钻石的吸收光谱

无色-浅黄色系列的钻石，在紫区415.5nm处有一吸收谱线。褐色系列钻石，在绿区504nm处有一吸收谱线。有的钻石可能同时具有415.5nm和504nm处的两条吸收线。天然蓝色钻石，无明显可见光吸收谱线。

5. 钻石的发光性

钻石在紫外线、阴极射线和X射线照射下，具有不同的发光特征。

（1）紫外荧光和磷光。钻石在紫外线照射下，通常长波下发出的荧光强于短波下发出的荧光。长波紫外线照射下荧光由无到强，颜色可呈浅蓝色、蓝色、黄色、橙黄、粉红色、黄绿及白色的荧光。Ⅰ型钻石以蓝色-浅蓝色荧光为主，Ⅱ型钻石以黄色、黄绿色荧光为主。无色至浅黄色系列钻石，常呈现蓝白色荧光；褐色钻石呈现黄绿色荧光；鲜艳黄色钻石呈现黄色荧光，具有明显强的蓝白色荧光的钻石常具有浅黄色磷光。可以确定，在同等强度紫外线照射下，不发荧光的钻石是最硬的，发出黄色荧光的硬度次之，而发出淡蓝色荧光的硬度最低。在钻石的切割过程中，可以充分利用这一特性。

（2）阴极射线荧光。钻石在高能阴极电子激发下，发出可见光的现象称为阴极发光。具体表现为不同强度的黄绿色和蓝色，钻石内发光区和非发光区、不同颜色发光区分布样式不同，是区别天然钻石与合成钻石的重要因素之一。

（3）X射线荧光。无论何种类型的钻石，在X射线照射下都能发荧光，而且荧光颜色一致，通常呈蓝白色。利用这一特性设计的X射线钻石分选机，在钻石分选中具有很好的效用，既灵敏又精确。

七、钻石的其他性质

（1）钻石的热学性质。钻石具有极好的导热性，钻石的热导率比银和铜，高2～5倍，是透明宝石中热导率最高的，远远高出其他所有的宝石。换句话说就是钻石的传热非常快，手接触之有凉的感觉。人们利用这一特性，设计制造出了专门检测钻石的仪器——热导仪，用以区分钻石和钻石仿制品。

（2）钻石的润湿性。钻石具有明显的亲和油脂而排斥水的性质。钻石的润湿性是指钻石亲油疏水的性质，钻石对油脂有很强的吸附能力，钻石的选矿过程中，可以利用油脂摇床将钻石吸附粘住。钻石的疏水性是指水不能呈薄膜状附着在钻石表面，仅能以水滴状存在。钻石笔是利用钻石的亲油疏水性来鉴定钻石，其内装有特殊油性的墨水，当在钻石的表面划线时，留下连续的笔迹；而在钻石仿制品表面划线，则留下不连续的痕迹。

八、钻石的矿物包裹体特征

钻石中常见的固态矿物包裹体有：金刚石、铬透辉石（图1-14）、镁铝榴石（图1-15）、橄榄石、铬尖晶石、锆石、金红石、石墨、绿泥石、黑云母、

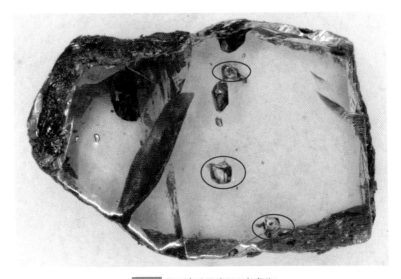

图1-14　钻石中的铬透辉石包裹体

磁铁矿、铬铁矿（图1-16）、钛铁矿和硫化物（黄铁矿、磁黄铁矿、镍黄铁矿、黄铜矿）等。在显微观察中，还可看到钻石的生长纹、解理纹等内含物特征。钻石中的内含物特征，是鉴定钻石的重要依据之一。

图1-15 钻石中的镁铝榴石包裹体

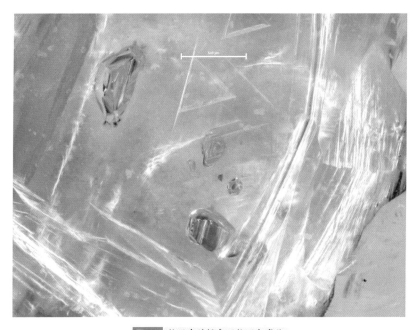

图1-16 钻石中的橙色石榴石包裹体

九、钻石的琢型

钻石经切割、琢磨和抛光后的形状，称为钻石的琢型，即成品钻石的款式。通常包括两个方面的要素：第一，是垂直台面观察到的钻石腰围轮廓的几何形状，例如圆型、心型、橄榄型、椭圆型等；第二，是钻石刻面的几何形状及其排列方式，主要包括明亮型、阶梯型和混合型。明亮型钻石的刻面，以三角形、菱形为主，在钻石的亭部，以底小面为中心向外作放射状排列；阶梯型钻石的刻面，则以梯形、长方形、三角形为主，层与层彼此平行地排列在腰围的上、下两侧；若同时具有明亮型和阶梯型的特点，则称为混合型。

钻石最常见的琢型是标准圆钻型琢型（又称圆明亮型琢型）。

1. 标准圆钻型琢型

标准圆钻型琢型，是从早期的桌型琢型逐步发展而来的。

桌型琢型大约出现在15世纪初期。这种简单的琢型，是充分利用了八面体形态钻石原石的形状特征加工而成的，仅简单地磨掉了八面体钻石原石的一个角顶，这样便形成了冠部有1个较大的四方形台面和4个自然倾斜面的桌型。桌型琢型是首次出现的规则的钻石切磨后的琢型（图1-17）。考虑到当时的生产力水平，原始的抛磨机器十分简陋，钻石的底小面磨损明显，形成了较大的底小面，从而导致钻石的亮度低。同时，也因为有了底小面的存在，大大地降低了钻石破损的程度。

随着生产力的不断提高，科学技术的不断进步，用于钻石加工的机械设备也得到了不断改进，钻石的轮廓，开始由不规则向规则演化。1919年，标准圆钻型琢型的奠基人——曼塞尔·托克瓦斯基（Marcel Tolkowsky）（1899—1991），根据光学原理经过数学计算推出一个共有58个刻面的琢型，以及可以充分展示

图1-17 桌型琢型

钻石火彩和亮度的标准比例，称为美国理想琢型，并出版了著名的《钻石设计》（Diamond Design）（1919）一书。这是第一部根据光学原理，计算出钻石比例的书籍。

由于在圆钻的比例问题上，没有形成一个大家都认同的共同标准。因此，在不同的国家、地区和机构，出现了不同的"理想琢型"。概括起来，具有代表性的有以下几种。

（1）美国理想琢型（American Brilliant Cut）。该琢型推出的标准比例为：台宽比53%，冠高比16.2%，冠角34°30′，亭深比43.1%，亭角40°45′[图1-18（a）]。

（2）实用完美琢型（Practical Fine Cut）。由德国人艾普洛（W. F. Eppler），于1949年设计发明。该琢型推出的标准比例为：台宽比56%，冠高比14.4%，冠角33°10′，亭深比43.2%，亭角40°50′[图1-18（b）]。目前在欧洲，质量较好的钻石多加工成这种琢型。因此，这种琢型又被称为欧洲完美琢型（European Fine Cut）。

（3）国际钻石委员会琢型（IDC Cut）。由国际钻石委员会设计推出。该琢型推出的标准比例为：台宽比56% ~ 66%，冠高比11.0% ~ 15.0%，冠角31°0′ ~ 37°0′，亭深比41.0% ~ 45.0%，亭角39°40′ ~ 42°10′[图1-18（c）]。

（4）斯堪的纳维亚琢型（Scan. D. N. Cut）。1970年，由斯堪的纳维亚钻石委员会设计推出。该琢型推出的标准比例为：台宽比57.5%，冠高比14.6%，冠角34°30′，亭深比43.1%，亭角40°45′[图1-18（d）]。

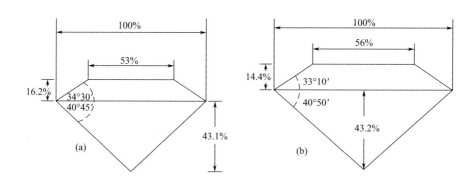

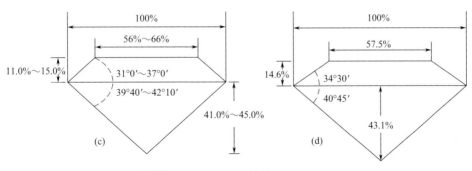

图1-18 不同国家、地区和机构推出的理想琢型

2. 花式琢型

标准圆钻型琢型之外的其他琢型，统称为花式琢型（或称花式切工）。传统的花式琢型包括阶梯型（正方型、祖母绿型）和明亮型花式琢型（梨型、椭圆型、橄榄型、心型、三角型等）。花式琢型的出现可追溯到16世纪，当时出现的多为阶梯型琢型。随着钻石加工技术的日趋成熟，出现了一些明亮型花式琢型（图1-19）。

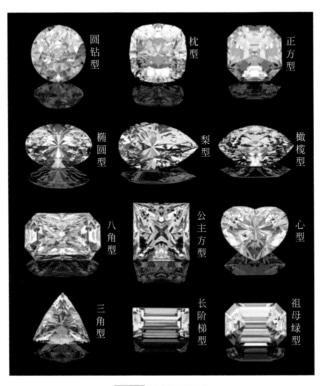

图1-19 花式琢型钻石

3. 混合型琢型

混合型琢型是指同一颗钻石的冠部和亭部切磨成不同类型的款式。对冠高、亭深等比例关系并无具体规定，只要能使钻石的火彩、颜色和重量达到最佳效果即可。这种琢型适用于钻石和多种有色宝石的切磨。常见的混合型琢型是冠部为明亮型，亭部为阶梯型，如重量为59.6克拉（ct）的"粉红之星"钻石，就是1颗混合型切工钻石，其冠部为明亮型切工，亭部为阶梯型切工（图1-20）。也有冠部为阶梯型，亭部为明亮型的。

图1-20 "粉红之星"钻石

4. 新式切工

（1）"八心八箭"（又称丘比特）切工。"八心八箭"切工属于圆钻型琢型，这种切工要求在切磨比例和对称性极高的情况下，通过一个特殊的镜子（火彩镜，Firescope），观察得到视觉现象。标准的"八心八箭"是由心和箭两个部分的图案构成，从钻石亭部（底视）观察可见八颗对称的心，称为"永恒之心"；从钻石冠部（顶视）观察可见八支对称的箭，称为"爱神之箭"，均按八个方向向外发散，整个图像完整清晰，比例适中，且严格对称（图1-21）。

底视 顶视

图1-21 "八心八箭"切工

（2）"九心一花"切工。"九心一花"（又称Estrella）切工，西班牙语意为"天上闪亮的星星"。该琢型由100个刻面组成，其中包括冠部的37个刻面和亭部的63个刻面，图案效果也必须通过专用放大镜才能看得清楚。正对钻石台面看去，台面中心呈现由九个刻面组成的花形图案，而从冠部主刻面则能够看到九颗心形图案，沿台面外周均匀排列，光线经过折射后可以呈现"九心一花"的现象（图1-22）。

图1-22 "九心一花"切工

第二章

钻石的成因与资源分布

chapter
two

钻石形成的地质环境条件是怎样的？钻石又是在怎样的条件下形成的，又是通过什么途径来到地壳上部或地表的呢？

一、钻石形成的地质环境条件

1. 钻石形成的物理化学条件

在地球内部，温度通常随着深度的增加而增加，形成地温梯度。研究表明，钻石是在地球深部的高温、高压条件下形成的。在自然界形成钻石原生矿，首先必须要满足钻石形成的物理化学条件。根据人工合成钻石的资料显示，生成钻石的温度条件一般为1200～1300℃，压力为3～5GPa。在自然界中，能达到这样的温度和压力条件的地质环境是上地幔。因此，钻石原生矿中的钻石，都是在上地幔中形成的。上地幔中有形成钻石的原始岩浆，而且岩浆中必须具有足够数量的原生碳，这是形成钻石的物质基础。由于上地幔的原始岩浆中含有一定的挥发性组分，在此环境下形成钻石的温度和压力，与人工合成钻石的温度和压力可能会有所差异。综合多方面的研究资料，通常认为钻石形成于上地幔，位于上地幔岩石圈和软流圈的交界处附近，距地表约150～250km，压力大约为4.5～6GPa，温度在1050～1400℃之间。

2. 钻石形成的地质构造环境

自然界发现的含钻石的岩石类型有多种，均为基性及超基性岩类。但是，具有工业价值的钻石矿床，仅分布于金伯利岩和钾镁煌斑岩中，两者均是来源于深达上地幔的超基性岩。根据地质研究显示，目前地球上发现钻石的构造环境主要有以下几种：分别是处在稳定构造单元的克拉通内部、板块俯冲带、超高压变质带（造山带）和陨石撞击坑。但是，只有形成于克拉通内部的钻石是大颗粒的，可以达到宝石级，其余的仅具有理论研究意义。因此，从地质构造背景而言，具有工业开采价值的金伯利岩型钻石原生矿，均产于太古代地质构造稳定的单元克拉通内；而产于澳大利亚西北部阿盖尔（Argyle）地区钾镁煌斑岩型钻石原生矿，也产于太古代边缘活动带和元古代克拉通内。在克拉通形成以后，需有一段相对稳定和封闭的地质演化时期，这样利于钻石在上地幔的形成。经研究认为，出露含矿金伯利岩的克拉通,具有以下特征。

(1)发育有岩石圈根或加厚的岩石圈,一般可深达200km左右。

(2)这些克拉通稳定固结的时间早,多数在太古代时期。

(3)岩石圈的地温低,一般<40mW/m^2,符合正常的地盾地温和低的地表热流值。

(4)岩石圈地幔的氧逸度偏低。由于钻石稳定于高压和较低温的条件,因此如果该地区岩石圈厚度不够大或氧逸度高,其中的单质碳(C)就不能形成钻石,只能以石墨的状态保存。如果所处的地质构造环境,构造运动频繁,岩浆活动强烈,则岩石圈的地温增高,这样也不利于钻石的保存,它们会转变为石墨或被燃烧形成CO_2逸出。如此苛刻的构造环境,是造成金伯利岩和钻石分布十分稀少的主要原因。

在克拉通内部的隆起与坳陷交接处的挠曲地带和隆起与坳陷的轴部,都是构造相对薄弱的地带,有利于金伯利岩和钾镁煌斑岩的侵入和爆发。金伯利岩和钾镁煌斑岩岩筒的形成和分布,首先必须有基底断裂或切割深度达到上地幔的深大断裂通道,并且受与这些深大断裂有关的次一级断裂控制,金伯利岩和钾镁煌斑岩岩筒,常成群成带分布。

二、钻石的成因

到目前为止,世界上发现具有工业价值的钻石原生矿床,仅有金伯利岩型和钾镁煌斑岩型两大类。但是,关于钻石的成因之争,则由来已久。概括起来,主要有四种观点:一是幔源捕虏晶成因;二是幔源岩浆结晶成因;三是变质作用成因;四是陨击作用成因。20世纪60年代以前,人们一致认为金伯利岩是钻石形成的母岩,钻石是由金伯利岩岩浆,在上升爆发过程中结晶出来的。20世纪70年代以后,特别是在澳大利亚西北部金伯利地区的阿盖尔发现了钾镁煌斑岩钻石原生矿以来,加之对金伯利岩中含钻的幔源捕虏体和钻石内部所含包裹体矿物的深入研究,以及同位素测年技术的发展,现在越来越多的地质学家认同钻石是幔源捕虏晶成因。并认为,颗粒较大的钻石都属于幔源捕虏晶成因之说。

1. 幔源捕虏晶成因

按照幔源捕虏晶成因的观点，钻石是在上地幔的岩石圈与软流圈的交界处，距地表约150～250km的深部，在温度约1050～1400℃，压力为4.5～6GPa的高温、超高压的热动力条件下，在低的氧逸度和地幔环境中，由CO_2、CO、CH_4等还原而成。其主要证据是：

（1）南非、坦桑尼亚、博茨瓦纳和西伯利亚等地的金伯利岩中的一些方辉橄榄岩、二辉橄榄岩、纯橄岩和榴辉岩捕虏体内含钻石，澳大利亚西北部阿盖尔地区钾镁煌斑岩中的榴辉岩捕虏体内也含有钻石，这说明在上地幔深处的特定部位，赋存有钻石的矿源层。

（2）世界各地金伯利岩型和钾镁煌斑岩型钻石原生矿及砂矿中，钻石内部所含的包裹体矿物，基本上是相似的，均属幔源岩石矿物。概括起来可分两类：一是橄榄岩类矿物，包括紫色系列镁铝榴石、铬尖晶石、铬透辉石、顽火辉石、橄榄石、镁钛铁矿、镁方铁矿、自然铁、碳硅石和锆石等；二是榴辉岩类矿物，包括橙色系列镁铝-铁铝榴石、铬尖晶石、透辉石、绿辉石、钛铁矿、蓝晶石、金红石、柯石英、碳硅石、刚玉等。上述包裹体矿物，大多数比钻石形成的年代要早。

（3）同位素年龄研究结果表明，原生矿床中钻石的形成年龄，通常比金伯利岩或钾镁煌斑岩的侵位年代早得多，这一发现突破了长期以来人们固有的认识，即金伯利岩就是钻石母岩的说法。例如：南非金伯利地区"金伯利（Kimberley）"岩筒和"芬茨（Finsch）"岩筒中的钻石的形成年龄为33亿年，而金伯利岩的侵位时代分别为0.9亿年和1.2亿年。而澳大利亚西北部阿盖尔地区钾镁煌斑岩中钻石的形成年龄为14.5亿年，而钾镁煌斑岩的侵位时代为11亿年。这些研究结果充分说明，位于上地幔矿源层中的钻石的形成年龄，远远比携带钻石上升到地表的主岩——金伯利岩和钾镁煌斑岩的侵位时代早得多。

（4）无论是金伯利岩型还是钾镁煌斑岩型钻石原生矿床中，绝大多数的大颗粒钻石均有被熔蚀的现象，看不到平直的晶棱、平滑的晶面和尖锐的晶面夹角，取而代之的是晶面变成鼓起的浑圆状的钻石外表，而且晶面上有明显的蚀象。钻石晶面形貌的变化，也说明了在上地幔中已形成的钻石，在其被金伯利岩浆或钾镁煌斑岩浆搬运至地壳上部直至地表的过程中，受到了部分熔蚀的结果。

2. 幔源岩浆结晶成因

幔源岩浆成因认为，一些晶形完整的小颗粒钻石是从幔源岩浆中结晶出来的。从岩浆中结晶出钻石，必须具备三个基本条件。其一，原始岩浆中要有足够的原生碳，这是形成钻石的物质基础。根据有关岩石化学分析资料显示，金伯利岩等偏碱性超基性岩中的原生碳的含量高于其他岩浆岩，说明金伯利岩等偏碱性超基性岩类，形成钻石的可能性最大。其二，要具备形成钻石相应的热动力条件，即高温、超高压条件。原始岩浆中的 CO、CO_2、H_2O、F 等挥发组分是产生超高压的动力。从岩石化学分析资料可以看出，金伯利岩和钾镁煌斑岩中的上述挥发组分的含量，明显高于其他岩浆岩。因此，钻石主要出现在上述岩石类型中。其三，钻石的结晶是在幔源岩浆的残余熔融体中进行的，这种熔融体呈高度流体状态，有利于碳原子自由进出钻石的晶体格架。残余熔融体中富含碳的挥发组分和岩浆成因的金属硫化物，对钻石的形成起了重要的关键作用。

3. 变质作用成因

变质作用成因认为，近年来，在哈萨克斯坦的北部、中国安徽大别山和山东荣成等地的变质岩中发现了钻石，经研究这些钻石的成因，是由俯冲板块在地幔深处经过变质作用形成的。

4. 陨击作用成因

陨击作用成因认为，陨星对地球的撞击作用，形成局部的高温、超高压的热动力条件，可以使被撞击岩石中的碳质转变成钻石。

综上所述，世界上已发现的具有经济价值的金伯利岩型和钾镁煌斑岩型钻石原生矿床中的钻石，绝大部分为幔源捕虏晶，只有极少数晶形完整的小颗粒钻石是从幔源岩浆中结晶出来的。

三、钻石赋存的岩石类型

钻石在上地幔中早已形成，金伯利岩浆和钾镁煌斑岩浆，仅仅是钻石的"搬运工"或"载体"，将其从上地幔深处运移到地壳上部乃至地表，从而形成了当今的钻石原生矿。

其中，金伯利岩是最为重要的岩石类型。目前，已发现的上千个金伯利岩岩筒，富含钻石的有几百个。因此，寻找钻石矿床，基本上都是从寻找金伯利岩开始的。而大多数富含钻石的钾镁煌斑岩规模较小，分布较少，这类钻石原生矿床主要以澳大利亚西北部的阿盖尔钻石矿床为代表。

1. 金伯利岩

金伯利岩（kimberlite）是一种富含挥发组分（主要为CO_2和H_2O）的含钾超基性岩。1870年，首次发现于南非中部金伯利地区含原生钻石的杜托依斯潘（Dutoispan）金伯利岩岩筒，之后又相继发现了金伯利（Kimberley）、戴比尔斯（De Beers）、布尔丰坦（Bultfontein）等著名的富含钻石的岩筒，自此揭开了人类研究金伯利岩及原生钻石矿床的篇章。

地球上出露的金伯利岩的颜色，多为深灰色、灰色、灰黑色、暗绿色、土黄色，常见斑状结构、细粒结构、火山碎屑结构、假象结构，显示角砾状构造、块状构造、斑状构造或凝灰状构造等。金伯利岩中矿物成分，主要以橄榄石、金云母等为主，不含长石。通常含数种特征矿物，如钻石、含铬镁铝榴石、铬透辉石、铬尖晶石、镁钛铁矿、钙钛矿、锐钛矿、金红石、铌铁矿等。岩石所含的捕虏体中，含有来自深部幔源的岩石和矿物，如橄榄石、辉石类和透辉石矿物及二辉橄榄岩和斜辉橄榄岩等。金伯利岩在地表，易受到蛇纹石化、碳酸盐化作用，所以碳酸岩和蛇纹石通常都会出现。金伯利岩经风化剥蚀后，主要的造岩矿物橄榄石、辉石和云母类等风化成次生矿物而消失，石榴石、钛铁矿、铬铁矿－尖晶石和锆石等副矿物，由于具有强的抗风化能力而保存下来，成为寻找次生钻石矿床的指示矿物。

从科学研究的角度来说，金伯利岩是自然界起源最深的火成岩之一，来自150～200km的地幔岩石圈下部，最初的流体可能来自地幔过渡带，往往还携带有地幔橄榄岩和下地壳岩石捕虏体，保存了大量的深部物质组成和地质过程的记录，能够提供深达200km范围内的岩石类型、矿物组成、地球化学特征、温度及应力状态等有关的信息，是研究地球内部的重要窗口。在经济价值上，金伯利岩与钻石这一昂贵的宝石资源有着极为密切的联系，是钻石的主要母岩。世界上具宝石价值的钻石绝大多数产于金伯利岩中。例如，世界上最大的"库利南"（Cullinan）钻石（重3106ct）就产于南非德兰士瓦的"普列米尔"（Premier）

金伯利岩岩筒中。

2. 钾镁煌斑岩

钾镁煌斑岩（lamproite）是一种超钾镁铁质–超镁铁质超浅成侵入岩或火山岩。组成钾镁煌斑岩的矿物，主要是一些富钾和富钛的矿物。除含有橄榄石（粗晶及斑晶）、金云母（斑晶及嵌晶）外，还可含钾碱镁闪石及白榴石、透辉石；副矿物的类型复杂，但以含钛矿物为主，也含有铬铁矿、石榴石及硫化物等。与金伯利岩相比，钾镁煌斑岩SiO_2含量高（40%）；MgO、K_2O含量高于一般镁铁质岩，而Al_2O_3含量低，是一种过钾质的岩石类型。

金伯利岩和钾镁煌斑岩极易风化，含钻石的金伯利岩和钾镁煌斑岩经风化、剥蚀后，被地面流水等地质作用搬运到河流或滨海地区，并在河流的中下游或滨海适宜的地方沉积下来，从而形成钻石的次生砂矿，砂矿是世界上钻石资源的主要来源（图2-1）。世界上，很多著名的钻石，如光明之山钻石（Koh-i-Noor）、大莫卧尔钻石（Great Mogul）等都源自砂矿，早期人类开采的钻石资源，也主要采自于钻石砂矿。

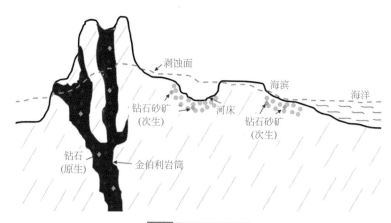

图2-1 钻石矿床示意图

四、钻石的分选

钻石矿的原矿品位一般不高，每吨钻石矿石中含有1ct以上就有开采价值。因此，钻石在开采过程中，都需要对开采出来的矿石进行选矿。

钻石的选矿流程一般包括准备、粗选、精选几个阶段。

1. 准备阶段

钻石选矿前的准备阶段工作，通常包括：破碎、筛分、洗矿、磨矿、水力分级等。主要目的就是为选矿工作做好准备，并获得良好的效果。

（1）破碎。主要目的就是使粗粒的矿石充分解离，在破碎过程中又要特别注意减少钻石晶体的破碎。

（2）筛分。筛分出合适粒度的矿石，以避免矿石的过度破碎，降低能耗，提高生产效率，并及时有效地保护钻石晶体，避免破损钻石。

（3）洗矿。就是除去矿石中黏土质物料的过程，起到分散黏土、分离黏土物质与粒状物料的作用。

（4）磨矿。对洗矿后的粒状物料，在机械设备中磨剥，使矿石的粒度进一步变小。其主要目的就是使矿石中细小颗粒钻石全部或大部分单体解离出来，以便在下一步的选矿作业中加以有效回收。

（5）水力分级。进一步细分物料的粒级，其原理是基于物料粒度（或密度）的差异，在流体中沉降速度的差别而进行的。

2. 粗选阶段

粗选的主要任务，就是起到初步的富集作用。钻石的相对密度为3.52，而与钻石共生的其他矿物的相对密度一般小于3，将少量的含有钻石的重矿物与大量的不含钻石的轻矿物分离，最后得到的是含有钻石的粗精矿。常用的粗选方法有三种：淘洗选矿法、跳汰选矿法和重介质选矿法。

（1）淘洗选矿法。其基本原理是按照不同矿物的密度差异进行分选。由于钻石的密度较高，和其他少量的高密度重矿物富集在淘洗盘的底流中，低密度的脉石矿物从溢流堰排出，从而达到按密度不同分离的目的。

（2）跳汰选矿法。其基本原理是按照钻石与脉石的密度、形状、表面摩擦系数等的差异，在垂直交变的运动介质流中，物料将按密度分层。由于钻石具有较大的密度，通常形状浑圆，表面光滑，具有较大的沉降速度和穿层能力，从而容易富集形成精矿。

（3）重介质选矿法。其基本原理是按照阿基米德原理，物体在液体中所受的重力与液体的体积、矿粒与介质间的密度差成正比；密度大于分选介质密度的矿粒，将在介质中沉淀，聚集在分选机的底部；密度小于介质的矿粒，将浮在介质的上层，聚集在分选机的表层，把两种矿粒分别从分选机中排出，即可得到密度不同的产物。

3. 精选阶段

常用的钻石的精选方法有：油膏选矿法、表层浮选法和X射线光电选矿法等。

（1）油膏选矿法。油选法主要是依据钻石的亲油疏水性发展起来的一种钻石选矿方法。其过程就是将准备好的含钻石的物料，给到油选机黏性油膏表面上，于是亲油（疏水）的钻石，便黏着在油膏表面，富集成为精矿；而疏油的脉石，则不与油膏表面黏附，被水冲走，成为尾矿，从而达到分选的目的。

（2）表层浮选法。也是基于钻石的亲油疏水性发展起来的一种钻石选矿方法。与油选法不同的是表层浮选依靠水的表面张力的作用，使疏水的矿粒漂浮在水面上，亲水的矿粒沉入水中，从而达到分选的目的。

（3）X射线光电选矿法。由于钻石在X射线照射下，能够发出荧光，其发光效率较高，而其他矿物大多不发光或所发射的光谱与钻石不同，所以能够利用这个特性对钻石进行选矿。因此，在工业上利用X射线分选机，进行钻石的拣选开始得较早，在20世纪30年代就已开始利用这种方法拣选钻石。利用X射线对含钻石的矿石进行拣选的优点是回收率非常高，可达到98%～100%，且选矿机的处理能力强，分选效率高，生产成本低。在20世纪70～80年代，已有许多国家在工业上应用X射线对钻石矿石进行拣选。随着电子技术的进步和普及，钻石X射线拣选法，得到了广泛的应用和快速的发展。

五、世界钻石资源的分布

据资料统计显示，当今世界上有27个国家出产钻石。其中，非洲有18个：南非、博茨瓦纳、纳米比亚、安哥拉、莱索托、津巴布韦、斯威士兰、坦桑尼亚、赞比亚、刚果民主共和国［刚果（金）］、刚果共和国［刚果（布）］、科特迪瓦、中非共和国、加蓬、加纳、塞拉里昂、利比里亚、几内亚；亚洲有3个：中国、印度、印度尼西亚；欧洲有 1 个：俄罗斯；大洋洲有 1 个：澳大利亚；南美洲有 3 个：巴西、委内瑞拉、圭亚那；北美洲有 1 个：加拿大。

其中俄罗斯、博茨瓦纳、津巴布韦、加拿大、澳大利亚、刚果（金）、安哥拉、南非是近几年来世界上最主要的钻石出产国，上述八个国家每年的钻石产量总和，约占世界总产量的 95% 以上。

1. 俄罗斯的钻石资源

俄罗斯是世界著名的钻石资源大国，钻石开采始于 1829 年。当时在乌拉尔地区一矿山工作的德国矿物学家，鉴定了一颗由 14 岁的俄国男孩保尔·波波夫（Paul Poppff），在淘金时淘到的一颗重 0.5ct 的钻石，但当时的这些发现，并无实际的商业意义。据资料报道，从 1937 年开始，在乌拉尔地区有计划、有组织地对钻石资源进行普查，并取得重大发现。1941 年，开始开采乌拉尔的钻石砂矿。1948 年，地质学家 С·Н·索科洛夫在小叶寥马河流域，发现了西伯利亚中部雅库特（Yakutia）地区的第一颗钻石。1949 年 8 月，Г·Х·法因施泰因在索科琳娜柳伊河流域，发现了雅库特地区首批具有工业价值的钻石砂矿。1954 年，地质学家 Л·А·波古加也娃，首先在雅库特地区发现了金伯利岩型钻石原生矿。

俄罗斯的钻石资源，主要分布在西伯利亚的萨哈（Sakha）（雅库特）共和国，以及阿尔汉格尔斯克（Arkhangelsk）州和彼尔姆（Perm）州。

萨哈（雅库特）共和国自 1954 年发现了第一个含钻石的金伯利岩筒后，在随后的 5 年内，相继发现了 120 个金伯利岩筒，其中最著名的是"米尔"（Mir）和"成功"（Udachnaya）岩筒。目前，该地区约有 500 个金伯利岩筒，其中的 10% 含有钻石。钻石资源主要以原生金伯利岩型为主，是俄罗斯钻石最主要的产地。

萨哈（雅库特）共和国的钻石资源，现由俄罗斯-萨哈钻石股份公司经营（简称"俄钻"）。目前，俄钻的钻石出口量占俄罗斯出口量的 95%，占有全球市场的 25%（按克拉计算），2014 年钻石的生产量为 3620 万克拉。其探明储量达 6 亿克拉，约占全世界的三分之一，其中 65% 是宝石级或接近宝石级品质的，可供连续开采 30 年。

俄钻在西雅库特地区有 4 个主要的矿区，分别是米尔内、乌达奇内、艾哈尔和纽尔巴。米尔内矿区的"米尔"矿，是俄罗斯发现最早的金伯利岩型钻石原生矿，也是世界上最深的露天开采钻石矿坑，该矿于1957年开始开采，年平均产量为200万克拉，形成了一个深达525m、直径约1.2km的巨大矿坑，由于资源枯竭，2001年该矿停止了露天开采。2009年，"米尔"矿转入地下开采，每年的生产能力为开采矿石100万吨，预期寿命34年。位于米尔内西南15km的"国际"（International）矿，发现于1969年，1971年开始露天开采，1980年矿坑就已深达284m，后被关闭，而地下矿山建设则早在20世纪70年代中期就已开始，1999年开始进行地下开采，设计年产量是开采矿石50万吨，预期寿命27年。2019年4月16日，在该矿采出1颗重118.91ct的大钻石，被命名为扎尔雅（Zarya）钻石（图2-2）。

图2-2　扎尔雅钻石

　　乌达奇内矿区的"成功"矿，其规模更大，是俄罗斯储量最大的钻石矿，储量约为1.2亿克拉。1971年开始开采，也是世界上最大的钻石矿之一，其矿坑深度已达640m，露天开采已接近尾声。其地下矿山建设开始于2004年，现已完成并开始投入生产。2019年，实现满负荷运行。该地下矿山的生产能力，将达到开采矿石400万吨，从而成为世界上最大的地下矿山之一。

　　艾哈尔矿区有3个矿，"艾哈尔"矿于1961年投入露天开采，至1997年开采深度达230m后，即停止露天开采，转而开始进行地下开采试点。2008年，地下开采一期完工，生产能力为开采矿石15万吨，2013年二期建设完工，生产能力达到50万吨。"庆典"（Jubileynaya）矿发现于1975年，目前仍处于露天开采阶段，当初的设计深度是500m，不过最近的一项扩建计划已得到批准，露天开采将达到700m的深度。"共青团"矿发现于1970年，但直到2001年才进行开发，露天开采深度将达到460m。

　　纽尔巴（Nyurba）是开发最晚的矿区，20世纪90年代才发现，其中，"波图宾斯卡娅"（Botuobinskaya）矿最早发现，但直到2015年才开始开采，2019年12月开采出了1颗重达190.77ct的大钻石（图2-3）。发现较晚的"纽尔巴"矿则在21世纪初开始露天开采，目前开采深度已达300m。

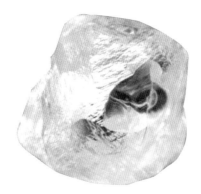

图2-3 "波图宾斯卡娅"钻石矿发现的大钻石

　　阿尔汉格尔斯克州的钻石资源，也是以金伯利岩原生矿为主，1979年地质学家在阿尔汉格尔斯克州东北部的冬天海岸（winter coast）地区发现了一系列含钻石的金伯利岩，其中罗蒙洛索夫（M.V.Lomonosov）矿和格里伯（V.Grib）矿是最重要的两个钻石矿。罗蒙洛索夫矿位于西部佐洛蒂察（Zolotitsa）地区，从北到南9.5km内有卡宾斯基-1（Karpinsky-1）、卡宾斯基-2（Karpinsky-2）、派纳尔斯基（Pionerskii）、罗蒙洛索夫（Lomonosov）、波莫斯基（Pomorskii）和阿尔汉格尔斯基（Arkhangelskii）6个独立的岩筒，钻石品位为0.5～1.0ct/t，是俄罗斯新的钻石矿区。2013年9月，开始投产建设，有效开采期限约为50年，预测钻石产量可达2亿克拉。格里伯矿位于东部弗霍蒂纳-索亚纳（Verkhotina-Soyana）地区，即格里伯岩筒，钻石品位为1～1.5ct/t，产量是罗蒙洛索夫矿任一岩筒的2倍以上，且钻石质量上乘。储量探明有9800万克拉，储量是俄罗斯继"成功"矿、"庆典"矿和"米尔"矿之后，排名第四的矿山，未来可能成为俄罗斯钻石产量新的增长点。

　　彼尔姆州主要是钻石砂矿，该矿位于俄罗斯境内最早发现钻石的乌拉尔山地区，产量较低，约占俄罗斯钻石总产量的2%。

2006—2013年，俄罗斯的宝石级钻石和工业级钻石总产量一直保持全球第一，总产值则位于全球第二，绝大部分钻石产自于金伯利岩筒，少量产自冲积砂矿。俄罗斯多年来钻石产值基本稳定，总产量在2006年达到顶峰，2008年开始稍有下降，主要是受到世界金融危机的影响，钻石消费需求下降所致。

2. 博茨瓦纳的钻石资源

　　博茨瓦纳钻石开采始于100多年前，真正大规模勘探始于1965年，迄今为止发现200多个金伯利岩筒。1967年发现了世界上第二大金伯利岩岩筒——奥拉帕（Orapa）岩筒，1972年又发现了世界上最大的宝石级钻石矿矿山——杰旺宁（Jwaneng）岩筒。已开采的岩筒有奥拉帕岩筒、杰旺宁岩筒和莱特哈尼（Letlhakena）DK$_1$和DK$_2$岩筒以及新开发的卡洛韦（Karowe）矿区。博茨瓦纳的钻石总产量位居世界前二，产值一直保持世界前三。由于受到全球金融危机等经济因素影响，2009年开始，博茨瓦纳的钻石产量也有一个较为明显的下滑，从原来的每年约3000万克拉，下降至每年约2000万克拉。

　　其中，杰旺宁钻石矿是世界上最富的钻石矿，该矿品位较高。奥拉帕矿是世界第二大产出金刚石岩筒，年产能较高，出产111万克拉钻石。

　　奥拉帕岩筒已探明储量超过1亿克拉，平均品位0.6ct/t，钻石质量中等，宝石级钻石占15%，该岩筒自1972年开采以来，共采出钻石约7500万克拉，其中1992年年产73.3万克拉。2013年年产量为111万克拉。杰旺宁岩筒已探明钻石储量约2亿克拉，平均品位达1.5ct/t，钻石质量较好，宝石级钻石达80%，以无色透明为主，也产有较多的绿色钻石，晶形完整，多数呈八面体和菱形十二面体，1978—1992年，共产出钻石约9200万克拉，1997年年产1270万克拉，近几年，年产量为1000～1100万克拉，是世界上利润最高的钻石矿山。莱特哈尼DK$_1$、DK$_2$岩筒，已探明储量2000万克拉，平均品位2.5ct/t，其中宝石级钻石占15%，自1988年以来平均年产钻石60～95万克拉。

　　卡洛韦露天钻石矿区，为加拿大卢卡拉（Lucara）钻石公司所有，它位于博茨瓦纳中部，于2012年竣工正式投入生产。自2012年以来每年从三个金伯利岩筒，开采约250万吨矿石，年均生产30～32万克拉钻石。矿山储量为5785万克拉，剩余可开采的钻石约790万克拉。该矿近年来，屡屡发现大钻石

（表2-1，图2-4～图2-9）和特大钻石。

表2-1 卡洛韦钻石矿近年来发现的大钻石一览表

序号	发现时间	重量/ct	备注
1	2015年7月	269	图2-4
2	2015年11月	316	图2-5
3	2016年4月	119	图2-6
4	2016年11月	336	图2-7
5	2018年6月	327.48	图2-8
6	2019年9月	123	图2-9

图2-4 钻石原石（269ct）   图2-5 钻石原石（316ct）

图2-6 钻石原石（119ct）   图2-7 钻石原石（336ct）   图2-8 钻石原石（327.48ct）

图2-9 钻石原石（123ct）

3. 津巴布韦的钻石资源

津巴布韦近年来正逐步成为国际上重要钻石出产国（图2-10），2010年产量从之前的96万克拉，猛增到844万克拉，并保持了逐年增长的态势。2012年津巴布韦的钻石总产量达到了1200万克拉，位列世界第四，而产值也有6.4亿美元，位居第七，2013年津巴布韦的钻石产量1000万克拉，近年产量有所下降。

津巴布韦主要钻石矿为穆罗瓦（Murowa）和马兰格（Marange）矿区。穆罗瓦矿区位于津巴布韦的中南部，毗邻兹维沙瓦内市，包括3个金伯利岩筒，是津巴布韦唯一具有商业价值的钻石矿区。2012年实现产量367万克拉。

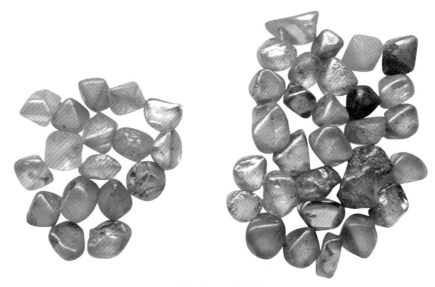

图2-10 津巴布韦钻石

4. 加拿大的钻石资源

加拿大的钻石勘探经历了漫长而又曲折的过程，早在1899年，加拿大地质学家霍布斯（W.N.Hobbs）就曾指出，加拿大境内可能存在有钻石原生矿床。此后，虽经多方勘探，但未取得任何突破性进展，直到1991年在加拿大北部斯夫勒夫地区发现了大型金伯利岩型钻石原生矿，取得了重大突破。含钻石金伯利岩岩筒的平均品位为1.25～5ct/t，钻石以无色透明为主，质量较好，宝石级钻石占25%～40%。由于钻石资源储量可观，随着不断开采，加拿大已成为近十年来最重要钻石出产国之一，自2010年连续三年产量位居全球第四，产值位居第三，且原石以约200美元/ct均价，位居主要钻石生产国首位。1960年至1998年间加拿大共发现500多个金伯利岩岩筒，90%是20世纪90年代发现的，而且其中一半金伯利岩岩筒含有钻石，大大超过世界平均水平。2013年，加拿大的钻石总产量约为1000万克拉，而产值则高达19亿美元，占世界总产值的13.48%。

目前，加拿大正在开采的钻石矿山主要有两个，分别是戴维科（Diavik）矿和艾卡提（Ekati）矿（图2-11）。2015年8月在戴维科矿发现了1颗重达187.70ct的黄色大钻石，命名为狐火（Foxfire）钻石（图2-12）。在2018年10月在该矿又发现了1颗重达552.74ct的黄色特大钻石，钻石长33.74mm，宽54.56mm，这也是迄今为止北美洲发现的最大钻石。

图2-11　加拿大钻石

图2-12　狐火钻石

5. 澳大利亚的钻石资源

最早在澳大利亚发现钻石是在1851年，在新南威尔士巴瑟斯特（Bathurst）附近的马奎利亚（Macquarie）河。后来又在昆士兰发现了一些与黄金伴生的小型钻石砂矿。20世纪70年代在澳大利亚西北部的阿盖尔（Argyle）地区，发现了大型橄榄钾镁煌斑岩型钻石原生矿，使澳大利亚一跃成为世界主要的钻石出产国（图2-13）。

图2-13　澳大利亚钻石

澳大利亚的钻石产量在2006年达到顶峰，但是，随着阿盖尔矿区由露天开采转入地下开采，其产量开始大幅下降，已由2006年的3000万克拉下降至2014年的900万克拉，总产量排名由二十世纪末的世界第三降至第六。

澳大利亚一共有三个钻石矿区，阿盖尔是澳大利亚最大的钻石矿区，澳大利亚的钻石几乎都产自阿盖尔矿山，2011年阿盖尔产量为740万克拉，约占澳大利亚总产量的90%。该矿有非常高的钻石品位：露天矿3.1ct/t，地下矿3.7ct/t，该矿产出钻石颗粒较小，多为褐色，呈不规则形。但是，含有一定数量的色泽鲜艳的粉红色和玫瑰色的宝石级钻石。全球近90%的粉红色钻石都产自阿盖尔矿，引起了国际市场对粉红色钻石乃至彩钻的重视。阿盖尔地下矿井2013年4月正式开采，2014年达到年产量2000万克拉，2016年达到年产3000万克拉。

梅林（Merlin）钻石矿位于澳大利亚北领地北部，该矿发现于1994年，1999年投产，该矿是澳大利亚在采的第二大钻石矿，矿床由12个小型的金伯利岩岩筒组成，2000—2003年运作了四年，生产了约50万克拉的高品质钻石，梅林矿中宝石级钻石的比例非常高，达到了65%。

埃伦代尔（Ellendale）矿发现于1976年11月，随后的几年内探明在46个岩筒中有38个岩筒含有钻石，品位最高的岩筒是4号和9号岩筒，平均品位为0.14ct/t，钻石质量好，其中宝石级占60%，同时也含有一定比例的粉红色和玫瑰色宝石级钻石。

澳大利亚出产的钻石，以原生矿为主。所产钻石颗粒较小，到目前为止，尚未发现大于100ct的钻石原石。最具特色的是钻石中含有一定数量色泽鲜艳的粉红色和玫瑰色宝石级钻石，属稀世珍宝。

6. 刚果民主共和国的钻石资源

刚果民主共和国［简称刚果（金）］，曾是世界上主要的钻石出产国，近些年来，由于国家面临许多政治问题和其他问题，导致钻石产量出现很大波动。该国的钻石资源主要分布在东开赛省的布什玛依（Bushimaie）地区和西开赛省的切卡帕（Tshikapa）地区。最早在刚果（金）发现钻石是在1907年，在切卡帕地区的开赛（Kasai）河流域普查金矿时，偶然发现了1颗重0.1ct的钻石。此后，人们用类似淘金的方法，找到了许多钻石砂矿。在钻石资源勘探方面，真正取得突破性进展，则是在1946年，在东开赛省的布什玛依附近发现了一批富含钻石的金伯利岩岩筒。1955年，又在布什玛依西南30km的基布阿发现了一批富含钻石的金伯利岩岩筒，从而使刚果（金）的钻石产量大大增加，一跃成为世界主要钻石出产国。据资料报道，位于布什玛依地区的钻石原生矿，其中宝石级钻石占3%；而位于切卡帕地区的砂矿，宝石级钻石占65%。2006—2013年间，刚果（金）钻石产量很大，一直位居世界前三，但由于宝石级钻石含量较低，所以每克拉价值偏低，导致其总产值排名并不高。

7. 安哥拉的钻石资源

安哥拉是世界上几个最重要的钻石资源大国之一，钻石资源既有砂矿又有原生矿。1912年首先在其北部的隆达（Londa）地区发现了钻石砂矿，宝石级钻石比例高达70%以上。后经40多年的勘探工作，终于在隆达地区找到了金伯利岩型钻石原生矿床。已发现约700个金伯利岩岩筒，其中至少300个岩筒蕴含有钻石，5～10个金伯利岩岩筒具有经济价值。已投入生产的卡托卡（Catoca）金伯利岩岩筒，年产量约为600万克拉。已知有94个含钻石的金伯利岩岩筒，其中有3个具有较大的经济价值，包括著名的"卡木蒂"大型钻石原生矿床。安哥拉所产的钻石质量好，仅次于纳米比亚所产的钻石，钻石以无色、高净度为主要特征。其中的卢洛（Lulo）钻石矿，2017年出产了1颗重达227ct的大钻石（图2-14）。

图2-14 安哥拉出产的227ct钻石原石

安哥拉多年来钻石的产量较为稳定，年产量约为900万克拉。2006—2012年位居全球第四或第五名。2013年则位居第六位。

8. 南非的钻石资源

南非的第一颗钻石，是在1866年，在奥兰治（Orange）河边发现的，该钻石重21ct，这也是产自非洲大陆的第一颗钻石，后被切磨成重10.73ct的饰钻，取名为"尤里卡"（Eureka，图2-15），这颗具有特殊历史意义的钻石，在辗转百年后，于

图2-15 尤里卡钻石

1967年被戴比尔斯公司买回，重归"故里"，现保存在南非金伯利矿业博物馆内。

1870年，在南非首先发现了金伯利岩型钻石原生矿，这是世界钻石找矿史上的第一次重大突破，相继发现了一些著名的钻石矿山，如亚格斯丰坦（Jagersfontein）、杜斯特丰坦（Dorstfontein）、布尔丰坦（Bultfontein）、科菲丰坦（Koffyfontein）；1871年发现了戴比尔斯（De Beers）和金伯利（Kimberley）矿山；1890年发现了韦塞尔顿（Wesselton）矿山；1902年发现了著名的普列米尔（Premier）矿山，它是南非最大的钻石矿山，著名的"库里南（Cullinan）"钻石，就是1905年在该矿山发现的；1960年发现了芬茨（Finsch）矿山；1987年发现了威尼斯（Venetia）矿山。其中，威尼斯矿是现今南非最大的钻石出产矿区，有11个岩筒组成，该矿区已进入地下开采阶段，探测储量约9600万克拉，设计开采寿命30年。

南非自十九世纪末发现和开采钻石以来，一直是世界上最重要的钻石出产国，1910年之前产量占到世界的95%以上，随着不断的开采，资源渐趋枯竭，产量逐渐下降。南非出产的钻石，一个突出的特点是大钻石较多。从总体看，南非产的钻石质量好，粒度大，宝石级钻石占35%，准宝石级占23%。还产出一些颜色呈浅蓝白色、浅蓝色、蓝色的高质量钻石。2012年产量排名第七，2013年产量排名第八。

9. 其他国家的钻石资源

上述八国是世界上钻石资源的主要出产国，所产钻石产量，约占世界钻石总产量的95%，除此之外，世界上还有一些国家也出产钻石。

（1）纳米比亚。纳米比亚出产的钻石主要为滨海沉积砂矿，1908年首先在纳米比亚的大西洋海岸的卢得立兹（Luderitz）附近发现了钻石，这些滨海沉积砂矿，在奥兰治河口以北断续分布延伸约96km，这是世界上最大的滨海钻石砂矿。纳米比亚钻石产量并不算很多，但一直以产出钻石的品质极高、宝石级金刚石比例极高而著称。所产钻石质量极好，以无色、洁净钻石为主，并产有少量珍贵的淡蓝白色钻石，宝石级钻石占80%以上。但在纳米比亚迄今尚未发现钻石原生矿床。目前，已探明的钻石矿石储量为5940万吨。

（2）塞拉利昂。塞拉利昂的钻石，1930年由地质学家普雷特（J.D.Pollet）在砾石层中首先发现，此后进行了大规模的勘探，在塞瓦河（Sewa）流域的砾石层中又发现了钻石。因此，塞拉利昂也是世界上重要的钻石出产国，历史上最高钻石产量为1970年的205万克拉，估计储量2000万克拉。所产钻石一般质量较好，宝石级钻石占60%以上，以高净度白色优质宝石级钻石为主，且经常产出大钻石，许多钻石呈八面体形态，晶面光亮，偶然可以发现大于100ct或更大的钻石晶体。1945年发现了重达770ct的"沃耶河（Woyie River）"钻石，1972年则发现了重达968.90ct的"塞拉利昂之星（Star of Sierra Leone）"钻石。

（3）坦桑尼亚。坦桑尼亚的钻石矿主要位于维多利亚湖南岸的姆万扎（Mwanza）地区，1934年，爱尔兰裔的加拿大魁北克地质调查所的约翰·威廉姆逊（John Williamson）博士，来到了姆万扎地区，根据他的研究认为坦桑尼亚产有钻石原生矿，经过不懈的努力，终于在姆瓦杜伊（Mwadui）地区找到了原生的金伯利岩岩筒，岩筒呈椭圆形，长轴和短轴分别为1525m和1068m，占地面积为146万平方米，这是目前世界上发现的最大的金伯利岩岩筒。该岩筒钻石品位较低，每100t矿石中含钻石约10～20ct，但是所产钻石质量好，宝石级钻石占51%，探明储量超过5000万克拉。20世纪50～60年代，该矿山年产钻石100多万克拉。随着开采深度的加大，钻石产量逐年下降，目前年产钻石约10万克拉。由于已开采50多年，估计储量不超过1000万克拉。姆瓦杜伊矿产出的钻石一般无色透明，还产有一些小粒的呈绿色和粉红色的钻石。

（4）印度。印度是历史上生产宝石级钻石最早的国家，曾是世界钻石的主要产地，后来由于相继在巴西和非洲大陆发现钻石矿床，印度生产钻石的地位才大大下降。许多历史名钻如光明之山钻石、大莫卧尔钻石和霍普（希望，Hope）钻石等都产自印度，其所产的钻石均采自砂矿中，主要砂矿资源来自海得拉巴（Hyderabad）附近的哥达瓦里（Godivari）河和克里希纳（Kristna）河，这些矿区的钻石资源现已枯竭。1925年，在印度的潘纳（Panna）地区发现了钻石原生矿和砂矿资源，近年来，年产钻石约3～5万克拉，但钻石质量甚好，宝石级钻石占85%以上，以无色透明、高净度为特色，同时在印度还产稀有的绿色宝石级钻石。目前，估计保有储量是1000万克拉。

（5）巴西。巴西产的钻石，在历史上曾经有着重要的地位，在巴西发现钻石是与淘金密切相关的，早期的淘金者在淘金盘的底部经常发现一些闪亮的砾石，他们把大一些的留下，而把小一些的扔掉，其实这些闪亮的砾石就是钻石，只是当时人们尚未认识到这一点。

一般认为巴西的钻石，首次发现于1725年，但到底由谁首先发现则众说纷纭，有的说是牧师，有的认为是米纳斯吉拉斯州（Minas Gerais）的土著居民，但是有一点是确定的，这些人肯定都曾在印度见到过钻石。钻石在巴西分布非常广泛，在米纳斯吉拉斯州、戈亚斯州（Goyaz）、亚马逊州（Amazonas）、马腊尼昂州（Maranhao）、巴拉那州（Parana）、皮奥伊州（Plauhy）和圣保罗州（San Paulo）均有钻石产出。

巴西出产的钻石，一般体积较小，但质量较好，偶尔也发现有大钻石，如"瓦加斯总统（President Vargas）"钻石、"戈亚斯（Goyas）"钻石和"达茜·瓦加斯（Darcy Vargas）"钻石，均采自砂矿中。巴西曾是历史上主要的钻石出产国之一。

10. 中国的钻石资源

我国对钻石的开发和利用历史悠久，在一些古籍中有所记述，如《晋起居注》记载："咸宁三年（公元277年）敦煌上送金刚，生金中，百淘不消，可以切玉，出天竺。"《山海经·西山经》曰："今徼外出金刚石，石属而似金，有光彩，可以刻玉。"并在南京象山公元四世纪的东晋墓的出土实物中，发现了一只镶有钻石的金指环，钻石直径约1mm，指环直径为2.2cm。这是我国迄今发现的最早的钻石实物。自20世纪50年代以来，我国才真正开始大规模勘探与开发钻石，20世纪50年代后期，在湖南沅水流域首次发现了我国具工业价值的钻石砂矿；60年代中期在山东蒙阴发现了金伯利岩型钻石原生矿床；70年代至80年代初在辽宁瓦房店找到了目前我国规模最大、品位较高、质量较好的钻石原生矿。我国现已探明的钻石原生矿储量约居世界第10位，主要分布在山东、辽宁和湖南，此外贵州、江苏也有少量产出。现探明储量超过2500万克拉，目前年产量为15～20万克拉。

（1）湖南的钻石资源。湖南常德、桃源地区是我国著名的钻石砂矿产区，钻石主要分布在沅水流域的砂矿中，所产钻石晶形完整，以八面体和菱形十二面体为主，绝大多数颜色较浅，透明度较好，以浅黄色和无色透明为主，净度高，钻石质量好，但品位较低，宝石级钻石占所产钻石总量的60%～80%。

（2）山东的钻石资源。山东沂蒙山区是我国钻石的重要产区，也是我国最早发现金伯利岩型钻石原生矿的地区，原生矿的矿体以三个金伯利岩矿带（常马、西峪、坡里）的形式，主要分布在蒙阴县域内。有工业开采价值的钻石原生矿体集中分布在蒙阴县的常马、西峪这两个矿带。具有规模性工业开采价值的金伯利岩体，主要是常马矿带的红旗1号岩脉、胜利1号岩筒，西峪矿带的红旗6号、红旗22号、红旗28号岩筒，以及坡里矿带等。其中，胜利1号岩筒已转入地下开采，也是目前唯一正在规模化开采的钻石矿山。

胜利1号岩筒产出钻石的粒度大小悬殊。1983年11月14日，矿工在粗碎前的原矿中用手锤打出一颗119.06ct的大颗粒钻石（蒙山一号），加上残留在原岩上的两小粒碎块，总重为120.65ct。2003年又先后选出27.09ct、52.79ct、23.40ct、33.30ct和28.00ct等大颗粒钻石。2006年5月27日，在传送带上选出一颗重达101.4695ct的拉长八面体Ⅰa型大钻石，称为蒙山五号（图2-16），也是我国在选矿流程中首次获得的重量大于100ct的大钻石。胜利1号岩筒产出的金刚石主要为单晶和聚晶，极少有连生体。晶体形态以菱形十二面体、曲面菱形十二面体为主，其次为八面体和曲面菱形十二面体的聚形。

山东钻石的颜色以淡黄色和无色者居多，其次是浅棕和浅灰色，偶然可见淡蓝、绿和红色调的钻石。其中，宝石级钻石约占总量的10%～15%。此外，在郯城地区沂沭河流域分布有小型钻石砂矿。此外，山东还是我国大钻石的主要产地，目前我国已发现的5颗大于100ct的钻石，均产自山东，如：金鸡钻石（重281.57ct）、常林钻石（重158.786ct，图2-17）、陈埠1号（重124.27ct）、蒙山一号钻石（重119.06ct）和蒙山五号。

（3）辽宁的钻石资源。辽宁的钻石既有砂矿也有原生矿。但以瓦房店原生矿为主，主要产于大连瓦房店市（原复县）大四川、涝田沟、头道沟一带，该矿最早发

图2-16　蒙山五号钻石

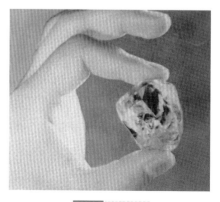

图2-17　常林钻石

现于1972年，是我国最重要的钻石矿产资源地之一。所产钻石以质量高、晶型完整、色泽亮丽而闻名。钻石赋存的母岩是金伯利岩，目前共发现24个金伯利岩岩筒，近百条金伯利岩岩脉，空间上成群分布。已探明的钻石原生矿床，有瓦房店42号岩筒，涝田沟30号岩筒，头道沟51、68、74、50号岩筒等。岩筒状金伯利岩体的形态比较复杂，地表出露形态有椭圆形、豆形、舌形、葫芦形和不规则形等。

根据矿体的产出和分布状态，瓦房店地区的钻石矿区，从北往南可划分为三个金伯利岩成矿带：Ⅰ号成矿带、Ⅱ号成矿带和Ⅲ号成矿带。

Ⅰ号成矿带位于矿区的北部，东西长20km，南北宽4km。该成矿带金伯利岩发育，分布连续性较好，共分布14个金伯利岩岩筒，其中达到大型钻石矿床规模的有42号和30号岩筒。而42号含钻石的金伯利岩岩筒，规模最大，地表面积达4.1万平方米，探明钻石储量超过400万克拉，平均品位1.5ct/m^3，钻石质量极佳，无色系列的钻石占50%，接近无色系列和轻微黄色系列的钻石占35%，其余为微浅黄色系列的钻石。多数钻石纯净无瑕，只有28%的钻石内含包裹体和杂质。多数晶型完整，呈八面体和菱形十二面体的钻石，分别占钻石总数的35%和38%。已发现的最大钻石重65.80ct、38.26ct和37.92ct，分别称为岚崮一号、二号和三号。据统计，瓦房店50号岩筒中的宝石级钻石占钻石总量的60%（图2-18）。

Ⅱ号成矿带位于矿区的中部，东西长约15km，南北宽约3km，共包含8个金伯利岩岩筒，其中以50号金伯利岩岩筒的规模最大。

Ⅲ号成矿带位于矿区的南部，东西长约10km，南北宽约2km，包含2个金伯利岩岩筒，工业价值较低。

图2-18 辽宁钻石

第三章

钻石的鉴定

chapter
three

一、钻石鉴定的依据

1. 钻石原石的鉴定

钻石原石的鉴定，可依据肉眼观察钻石具有很强的金刚光泽，表面具有"亮晶晶"刺眼的感觉，独特的晶体形态和晶面花纹（弯曲的晶面、三角形蚀象、阶梯状生长纹），极高硬度（H10），中等的相对密度，紫外荧光的观察等进行鉴定。

2. 成品钻石的鉴定

（1）观察光泽及火彩。钻石折射率高，具有强的金刚光泽，抛光完好的钻石其反光强，给人以刺眼的感觉；色散值高，火彩好，标准切工的圆钻，呈现五光十色、具跃动感且柔和的钻石火彩。钻石的火彩中蓝色部分居多，很少有彩虹般的多色火彩钻石（图3-1）。立方氧化锆（CZ）的色散值比钻石高，所以火彩的颜色多样，且橙色部分较多，尤其在太阳光下更易察觉（图3-2）。

（2）透视效应。将钻石台面向下，底小面（底尖）朝上放在一张画有黑线的纸上，如果是钻石则看不到纸上的黑线，但需注意，折射率很高的钻石仿制品，如人造钛酸锶和合成金红石也看不到黑线。若能看到黑线，则说明是其他折射率较低的钻石仿制品，即折射率越低越容易透视（图3-3）。因为钻石通常切磨成标准圆钻型，只要切工比例得当，几乎没有光线可以透过钻石亭部的刻面，因此就看不到纸上的线条，切磨不当的钻石除外。

这种鉴定方法，仅适用于圆钻型切工的钻石，其他切工的钻石则不适用。如钻石上附着有液体，则具有可看透性。

图3-1 钻石的火彩

图3-2 立方氧化锆（CZ）的火彩

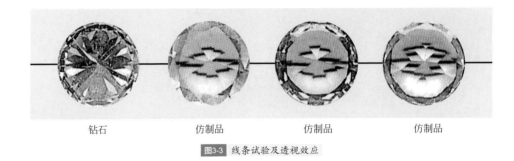

钻石　　　仿制品　　　仿制品　　　仿制品

图3-3　线条试验及透视效应

（3）亲油性试验。钻石具有亲油性而难以被水浸润，由于钻石对油脂的吸附力强，用手触摸后看上去有一层油膜。当用油性笔在钻石表面划过时，可留下清晰而连续的线条，若是钻石仿制品，表面则呈现一个个独立的小液滴，而不会呈现出连续的线条。

3. 放大观察特征

（1）表面特征。钻石由于硬度极高，在切磨抛光后刻面极为平整、光滑，而且刻面与刻面之间的棱线笔直、锋利。而大多数仿制品，由于硬度低的缘故，刻面相对没有那么光滑，棱线也较圆钝，甚至会出现许多碰伤和缺口现象。

（2）腰部特征。钻石的腰棱共有三种情况，即打磨腰、抛光腰和刻面腰。打磨腰棱表面粗糙不光亮，呈毛玻璃状，这是成品钻石最常见的腰棱形状；抛光腰棱表面透亮、光整；刻面腰棱呈现多个刻面，光洁、透亮，但刻面的大小通常不一。

仿制品的腰棱也可以处理成和钻石一样的特征，但因材料性质的不同，大都未经特别处理，腰棱呈粗糙的毛玻璃状，有的在腰棱上会有斜纹；如果在腰棱上观察到斜纹则是仿制品。

圆钻型钻石在打圆过程中，如果所施压力过大，会使腰部造成细如发丝状的小裂纹，俗称"胡须腰"。钻石在切磨过程中，为最大限度地保留重量，在腰部下方经常可见到保留一些钻石原来的结晶面（原始晶面），其上可有阶梯状、三角形生长纹或解理面等。

（3）包裹体特征。钻石内部常含有特定的天然矿物包裹体，仿制品的内部可能含有圆形气泡。观察钻石的包裹体特征，可以准确地区分钻石及其仿制品、天然钻石和合成钻石、钻石的优化处理品等。利用显微镜观察到的重影现象，还可以将钻石与无色锆石、榍石、合成碳硅石（又称莫桑石）等区别开来。

4. 钻石热导仪检测

钻石热导仪是根据钻石对热的传播速度极快的原理制成的，它曾经可以准确地测出被测宝石是否是钻石。20世纪90年代中期出现的合成碳硅石，是一种钻石的仿制品，它的导热性能与钻石相似；如果通过钻石热导仪的检测，还能观察到刻面棱的重影现象，就是合成碳硅石。这两种宝石的鉴定特征，见表3-1。

表3-1　钻石与合成碳硅石鉴定特征表

宝石名称	折射率	双折射率	相对密度	色散	硬度	其他特征
钻石	2.417	均质体，具异常双折射	3.52	0.044	10	金刚光泽，棱线锋利，交点尖锐
合成碳硅石（莫桑石，SiC）	2.648 ~ 2.691	双折射率高（0.043）	3.22	0.104	9.25	明显的刻面棱重影，白线状包裹体，导热性与钻石接近

二、优化处理钻石的鉴定

自20世纪50年代末，钻石的优化处理就已出现，有激光钻孔，可提高钻石的净度；铅玻璃填充钻石表面出现的裂隙，可以有效地减少裂隙对钻石外观的影响，以改善钻石的外观；其他的优化处理还可以提高或改善钻石的体色，包括辐照和高温高压（HPHT）处理，这样的处理技术给钻石的鉴定带来了一定的困难。

1. 辐照改色钻石的鉴别

在20世纪50年代，随着可靠辐照源的应用，例如原子堆的中子、回旋加速器的高能电子，市场上出现了较多的辐照处理绿色钻石。寻找这类钻石的鉴定方法，就一直成为宝石学家们的研究课题，大多数的鉴定方法，主要依据异常的颜色分布特征加以鉴别。因为辐照束有限的穿透性，这种方法处理的钻石在底小面（底尖）附近，会出现所谓的"伞状效应"。

辐照处理几乎可以使钻石呈现任何的颜色，但颜色不稳定，常需辐照后配合加热处理。在辐照处理钻石中单个空位缺陷，是形成绿色的主要原因。但是，如果处理前钻石的颜色含黄色少，则处理后会产生蓝色。当温度加热到600℃左右，空位缺陷在钻石晶格内会发生迁移，这些空位可能与含氮缺陷相结合，形成氮-

空位（N-V）中心。这些N-V中心通常显示可见光范围的吸收线（带），从而使钻石呈现颜色。根据处理前钻石的类型、特征、所使用的辐照源、热处理温度及时间，处理后钻石可出现多种颜色，同时可以产生或改变钻石的某些光谱特征，通过对这些光谱特征的研究，可以寻找出可靠的鉴定方法。其中，研究紫外区到中红外区域的吸收光谱特征，是这类处理钻石的典型的研究方法，液氮温度下样品的光谱学研究，也能提供更灵敏关键的鉴定特征。

　　颜色色级不高的钻石或颜色较浅的彩色钻石，可以通过辐照和加热处理的方法，对钻石进行改色处理，使其产生更鲜艳的颜色，提高钻石的颜色彩度，从而提高钻石的价值。最常见的辐照加热改色钻石的颜色有：绿色、黄色、粉红色和褐色。其主要鉴定特征如下。

　　（1）颜色分布特征。天然致色的彩色钻石，其色带为直线状或三角形状，色带与晶面平行。而人工改色钻石颜色仅限于刻面宝石的表面，其色带分布位置及形状与琢型形状及辐照方向有关。从圆多面型钻石的亭部，对钻石进行轰击时，透过台面可以看到辐照形成的颜色，呈伞状围绕着亭部分布（图3-4）。

　　当轰击来自钻石的冠部时，则在钻石的腰围处，显示一条深色色环。当轰击来自钻石侧面时，则靠近轰击源一侧颜色明显加深。

　　（2）吸收光谱特征。经辐照和热处理的黄色和褐色钻石的吸收光谱，在黄区（594nm）有一条吸收线，蓝绿区（504nm、497nm）处有几条吸收线。经辐照改色后的红色系列钻石，常显示橙红色的紫外荧光，可见光谱中有570nm荧光线（亮线）和575nm的吸收线，大多数情况下还伴有610nm、622nm、637nm的吸收线。

图3-4　辐照钻石的伞状效应

（3）导电性特征。天然蓝色钻石由于含杂质硼而具有导电性，辐照而成的蓝色钻石则不具导电性。

2. 充填钻石的鉴别

用高折射率玻璃充填钻石裂隙，可以改善钻石的净度等级，从而提高钻石的价值。充填的过程是在真空中进行的，将具高折射率的铅玻璃注入钻石延伸到表面的裂隙内，这样可以在一定程度上，掩盖钻石内部的裂隙。其主要鉴定特征如下。

（1）显微镜观察。充填裂隙处可具明显的闪光效应，暗域照明下最常见的闪光颜色是橙黄色、紫红色、粉红色，其次为粉橙色（图3-5）。亮域照明下最常见的闪光颜色是蓝绿色、绿色、绿黄色和黄色。同一裂隙的不同部位可表现出不同的闪光颜色，充填裂隙的闪光颜色可随样品的转动而变化。有时在裂隙内，还可见流动状构造和扁平状气泡。

图3-5　钻石充填裂隙面的红色闪光（暗视域）

（2）X射线照相。X射线照相对充填钻石可以做出确定性的结论，同时还可确定出充填处理的程度及充填物，以及因首饰修理过程加热被破坏的位置。钻石在X射线照射下，呈高度透明状，而充填物近于不透明（含Pb、Bi等元素）。充填区域在X光照片中，呈白色轮廓。

3. 激光钻孔钻石的鉴别

激光钻孔钻石是利用激光钻孔技术，来移除钻石中黑色或暗色包裹体，达到优化钻石净度的目的。在10倍放大镜或显微镜下仔细观察钻石，一般情况下，不难确定这种处理钻石，其主要鉴别特征如下。

（1）观察钻石表面激光孔眼处的不平"凹坑"。

（2）转动钻石，观察线形的激光孔道（图3-6）。激光孔道因充填物的折射率、透明度、颜色与钻石不一致，而呈现较明显的反差。

（3）激光孔充填物与周围钻石颜色、光泽存在差异。

图3-6 钻石的激光钻孔

4. 表面镀钻石膜钻石的鉴别

钻石膜是由碳原子组成的具有钻石结构和物理性质、化学性质、光学性质的多晶质材料。天然钻石是单晶体，钻石膜是多晶体，厚度一般为几十至几百微米，最厚可达毫米级。主要鉴别特征如下。

（1）观察镀钻石膜钻石的表面特征。显微镜放大观察具有粒状结构，而天然钻石是不存在这种粒状结构的。若镀上彩色膜时，可将钻石置于二碘甲烷中观察，钻石表层会产生干涉色。

（2）拉曼光谱仪测定。天然钻石的特征吸收峰在 $1332cm^{-1}$ 处，因钻石是单晶体，峰的半高宽度窄，优质的钻石膜特征吸收峰在 $1332cm^{-1}$ 附近，峰的半高宽度较宽，质量差的钻石膜特征峰频移大，强度减弱。

5. 多过程处理彩色钻石

多过程处理钻石，实际上是采用多种处理方法混合叠加于同一钻石上，以改变其颜色与净度。钻石的多过程处理，最早出现于20世纪90年代，最初仅是对钻石净度的多重处理，如先对钻石激光钻孔处理，再沿激光孔道进行玻璃充填处理。20世纪90年代末到21世纪初，随着高温高压处理钻石以及辐照加高温退火处理技术手段的出现与成熟，逐渐利用多过程复合处理方法来改变钻石的颜色。自2002年以来，国外珠宝鉴定机构相继报道了黄色钻石、粉红色-红色钻石、橙色-橙红色钻石，先经高温高压处理，后又经辐照加低温热处理的研究成果。目前所见到的国内外多过程处理钻石的种类大致如下。

（1）高温高压加辐照退火多过程处理的橙红色、粉红色-红色钻石。自2005年以来，国外珠宝市场上相继出现了一种橙红色、粉红色-红色钻石。该类彩色钻石的处理方法与传统的高温高压处理和辐照加退火处理方法有所不同，其经过了高温高压和辐照退火处理的混合叠加处理。国际市场上，所说的多过程处理彩色钻石多指这类钻石。其处理过程主要分为两步：第一步是高温高压处理Ⅰa型、Ⅱa型褐色钻石，其目的是在高温高压条件下，产生孤氮原子，以及去除与褐色成因有关的塑性变形等导致的褐色调；第二步是辐照退火处理孤氮原子钻石，使其内部产生N-V、H3、H4等中心和其他晶格缺陷。经过多过程处理的钻石，由于含有较强的N-V中心等缺陷，致使其颜色呈现粉红色、橙红色或红色（具体颜色依处理前钻石的类型和处理条件而异）。

该类处理钻石的主要鉴定特征为：显微镜下有时可见其亭部具有颜色浓集现象，以及其矿物包裹体常带有盘状裂隙；在紫外光照射下，可见橙色、橙红色、橙黄色荧光，特别是将钻石的亭部向上时，这种现象更明显（图3-7）；在光谱学特征上，常可检测到孤氮引起的吸收峰（1344cm^{-1}）和GR1中心（741nm）的吸收峰、N-V中心（637、575nm）等的特征峰。

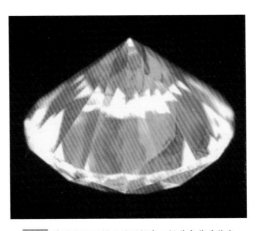

图3-7　多过程处理钻石的强橙色、橙黄色紫外荧光

（2）高温高压和裂隙充填多过程处理彩色钻石。这类钻石的主要鉴定特征：显微镜下观察，存在有明显的裂隙；在暗域照明条件下，裂隙中可见绿色和紫色闪光现象，说明裂隙中存在玻璃充填现象；在长波紫外光照射下，所发荧光强于短波紫外光下所发的荧光，光谱学特征检测出了高温高压处理产生的孤氮原子吸收峰（1344cm^{-1}）。

（3）表面镀膜和裂隙充填多过程处理的彩色钻石。近年来，在国际钻石市场上出现了一种新型的用纳米金属或化合物粒子，参与成色的镀膜处理"彩钻"，其颜色较均匀且稳定性较好。这类钻石的主要鉴定特征：显微镜下观察其亭部有时可见镀膜痕迹，在微分干涉显微镜下能清晰地见到划痕、白点、污点、薄膜脱落区域等镀膜痕迹；采用X射线荧光化学成分分析，可检测出Au、Ag、Al、Ti、Fe等金属元素和Si元素。对这类钻石的鉴定，最重要的是在显微镜暗域照明下，仔细观察其亭部有无镀膜痕迹，以及裂隙处有无闪光现象。

三、合成钻石的鉴定

自1986年以来，宝石级合成钻石就已出现在商业用途上。近年来，随着生长方法上的改进，导致合成钻石的大小和产量不断增加。钻石合成技术的不断发展，使合成钻石的成本得到了有效降低，产量成倍增长，合成钻石的品质越来越好，近无色洁净者越来越多，已对市场产生了较大冲击。目前，化学气相沉积（CVD）法和高温高压（HPHT）法合成钻石，在钻石贸易中的影响越来越大，据报道，CVD合成钻石的重量超过了5ct，而HPHT合成钻石的重量达到了15ct（图3-8）。小颗粒合成钻石，已在商业上得到广泛应用。

1. 合成钻石的鉴定

由于合成钻石与天然钻石的化学成分、晶体结构、物理性质完全一致，肉眼根本无法辨别。只有配备了高精尖专用仪器设备的实验室，通过仔细检测才能分辨出来。由于合成钻石与天然钻石的形成条件不同，在某些宝石学特征方面与天然钻石也存在着一定的差异。因此，在有条件的情况下，是可以鉴别出来的。具体鉴别特征，见表3-2。

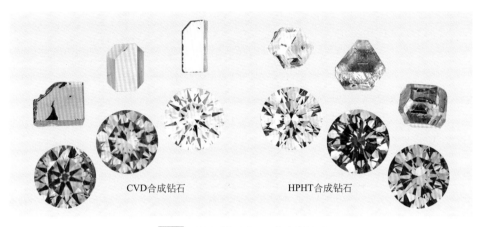

CVD合成钻石　　　　　　　HPHT合成钻石

图3-8 CVD合成钻石和HPHT合成钻石

表3-2 天然钻石与合成钻石鉴别表

特征	天然钻石	HPHT 合成钻石	CVD 合成钻石
颜色	无色、带黄色调、带褐色调、带灰色调，粉红、红、黄、蓝、绿等颜色	近无色、浅黄色、黄到褐色，甚至蓝色	暗褐色和浅黄色，近无色略带灰色，G—H 色，蓝色
晶体形态	常见八面体，圆钝的晶棱，晶面常呈粗糙弯曲的表面，可见倒三角形生长花纹、晶面蚀象或生长阶梯等表面特征	立方体与八面体的聚形，晶面上常见叶脉状、树枝状、瘤状物表面特征，某些晶体可见籽晶	晶体呈板状
包裹体	金刚石、铬透辉石、镁铝榴石、石墨、橄榄石、尖晶石等天然矿物晶体包裹体（图3-9）	板状、棒状、针状金属包裹体（图 3-10）	不规则的深色包裹体、点状包裹体、羽状纹（图 3-11）
生长纹	平直线状	"沙漏状"的生长纹，不规则的颜色分带。颜色分布不均匀	平行色带，具有该合成方法特征的层状生长纹理
紫外荧光	可呈多种颜色，多数为蓝白色、绿色、黄色或无荧光，长波紫外光照射下发光强于短波紫外光（图3-12）	长波紫外光下常呈惰性，短波紫外光下有明显的分带现象，为无至中的淡黄色、橙黄色、绿黄色不均匀荧光，可有磷光	长波和短波紫外光下有典型的橙色荧光，或黄色、黄绿色荧光，短波荧光强于长波
Diamond View™ 荧光特征	荧光呈蓝色，闭合型生长条纹（图 3-13）	荧光呈绿色，斑驳的几何状条纹（图 3-14）	荧光呈淡绿蓝色，可见内部系列的平等结构生长线（图 3-15）
阴极发光	显示较均匀的中强蓝色-灰蓝色荧光，并显示规则或不规则的生长环带结构（图3-16）	具有规则的几何图形，不同的生长区发出不同颜色的荧光（图 3-17、图 3-18），以黄绿色荧光为主，常常可见各生长区内发育的带状生长纹理	

续表

特征	天然钻石	HPHT 合成钻石	CVD 合成钻石
磁性	不会被磁铁吸引	一些含有较大金属包裹体的可以被磁铁吸引	
吸收光谱	多数无色-浅黄色系列钻石，可见 415nm 处吸收线	缺失 415nm 吸收线	
异常双折射	复杂，不规则带状、模块状的十字形	很弱，较简单，呈十字形交叉的亮带	强的异常消光
钻石类型	大多数是含聚合氮的 I a 型	大多数合成钻石是含单氮的 I b 型	不含氮的 II a 型

图3-9 钻石中的石墨包裹体

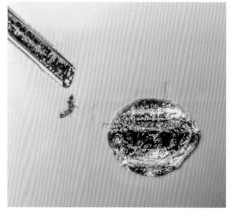

图3-10 HPHT合成钻石中的铁-镍流体包裹体

图3-11 CVD合成钻石中的黑色碳质包裹体

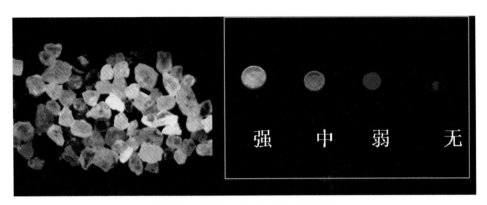

图3-12　天然钻石的紫外荧光呈现多种颜色

图3-13　Diamond View™下天然钻石的荧光及闭合型纹理

图3-14　Diamond View™下HPHT钻石的荧光及斑驳的几何状条纹

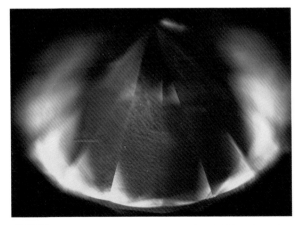

图3-15　Diamond View™下CVD合成钻石的荧光及层状生长纹理

图3-16　天然钻石的阴极发光图

图3-17 HPHT合成钻石阴极发光图

近正方形几何图形或不同的生长区发出不同颜色的荧光

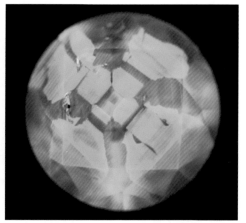

图3-18 HPHT合成钻石阴极发光图

八面体生长区呈十字交叉状

2. 合成钻石的改色处理

近年来，市场上出现了粉红色处理CVD合成钻石。这些粉红色钻石的原料为CVD合成钻石，其颜色是通过高温高压处理或辐照处理所致，其颗粒一般小于1ct，绝大多数为0.02 ~ 0.30ct。

钻石呈粉红色主要有两种原因，即550nm处的吸收带和钻石中形成的N-V中心产生粉红色。天然粉红色钻石的颜色主要由550nm处的吸收带所引起，而处理粉红色钻石的颜色主要由钻石中的N-V中心所产生。多种处理技术可以使钻石产生粉红色-红色。当钻石中有孤立的氮原子时，可通过高能辐射（如电子辐射）加较低温热处理的方法，产生N-V中心。无论是HPHT合成钻石还是CVD合成钻石，通常含有少量的孤氮原子，这些合成钻石也可通过处理方法，获得粉红色-红色钻石。通过控制N-V中心的密度，可产生各种弱粉红色-深粉红色钻石。这类处理钻石大多带有紫色-橙黄色色调，很少见纯粉红色甚至红色。这些粉红色钻石在紫外光下颜色不稳定，显示光致变色特征，即当紫外光源照射时，钻石呈明显的褪色现象。这种褪色在无紫外线光源下及加热数分钟后，大多可恢复其原来的颜色。有些粉红色钻石的颜色，在紫外光辐照下褪色后较难恢复。因此，在鉴定过程中，应尽量避免使用紫外光源。这类钻石最典型的鉴别特征为：紫外-可见光吸收光谱、红外吸收光谱及光致发光光谱上，可见较强的595nm、GR1中心（741nm）和N-V中心（637、575nm）以及较弱的H1a中心（1450cm^{-1}）、孤氮（1344cm^{-1}）等吸收峰；当高温高压处理温度超过2200℃时，其红外光谱中可见3107cm^{-1}处与氢有关的吸收峰，有时可见3123cm^{-1}处的吸收峰。另外，CVD合成钻石中，有时可见［Si-V］缺陷，表现为光致光谱中的736.6nm和736.9nm处的双吸收峰。

四、钻石与钻石仿制品的鉴定

1. 钻石仿制品的主要类型

现代用于仿冒钻石、制作仿钻首饰的材料，主要是各种不同种类的人工合成材料。在20世纪初见于珠宝市场。用来仿冒钻石的人工晶体，是用焰熔法合成的无色蓝宝石和尖晶石，这两种仿钻材料，都有较大的硬度，但折射率和色散值都比钻石要低，切磨成钻石的琢型后，表面光泽相对较弱，火彩也弱。目前，已很少再用作钻石仿制品。但无色的合成蓝宝石，在制表业中得到了新用途，被称为"永不磨损的表壳玻璃"。

1947年，焰熔法合成的金红石，具有很高的折射率和色散值，色散值比钻石的色散值高出6倍，切磨抛光后，具有极强的火彩，非常漂亮，但与钻石却有着很大的差别，其最大的缺陷是硬度太低，莫氏硬度仅为6.5左右，不适于制作首饰。因此，这种材料没有成为重要的钻石仿制品材料。在现今的珠宝市场上，已很难找到合成金红石的仿钻制品。

1953年，用焰熔法合成的钛酸锶，是一种折射率与色散值都很高的材料，当时称为"彩光石"（Fabulite），其折射率为2.40，色散率0.19，约是钻石的4倍，切磨之后，其外观比合成金红石仿钻制品更接近于钻石。但是，钛酸锶的硬度仍然太低，莫氏硬度仅为5.5左右。目前，在市场上已很难见到。

钇铝榴石（Yttrium Aluminum Garnet，YAG），于1960年见于珠宝市场，是当时常见的钻石仿制品。莫氏硬度约为8，硬度虽然较大，但折射率仅为1.83，色散值仅为0.028，两者均低于钻石，所以切磨后亮度和火彩远不及钻石。目前，在市场上较为少见。

钆镓榴石（Gadolinium Gallium Garnet，GGG），折射率为1.970，色散值为0.045，与钻石相当接近，切磨成标准圆钻型琢型之后，具有与钻石相似的外观，莫氏硬度为6.5。但是，钆镓榴石在紫外光的照射下，会变成褐色，并产生雪花状的白色内含物。这种现象也会因阳光中所含的紫外光而诱发，这一现象制约了这种材料用于制造仿钻制品。

合成立方氧化锆（Cubic Zirconia，CZ），折射率为2.15，色散值为0.060，与钻石接近，硬度也较高，莫氏硬度为8.5，切磨和抛光性能好。1976年，苏联把无色立方氧化锆作为钻石的仿制品推向市场，它便迅速取代了其他类型的钻石仿制品，一跃成为最流行的仿钻制品。CZ切磨成标准圆钻型琢型后，其亮光和火彩与钻石相近，成为最好的钻石仿制品之一。立方氧化锆制作的仿钻制品，有时被不适当地称为"俄国钻""苏联钻"等。

合成碳硅石（SiC），商业名莫桑石（Moissanite），折射率为2.648 ~ 2.691，色散值为0.104，均比立方氧化锆高，表面具有与钻石相同的金刚光泽，且硬度更高，莫氏硬度达9.25，切磨成标准圆钻型琢型后，火彩更强，外观比以往任何仿制品更接近钻石。1998年6月，美国C3公司将其作为一种新的钻石仿制品推向市场，由于合成碳硅石的各种特性比立方氧化锆更接近于钻石，尤其它的导热性很好，钻石热导仪测试，它的反应和钻石一样。因此，合成碳硅石（莫桑石）是目前珠宝市场上最佳的钻石仿制品。

仿钻的品种虽然很多，但是与钻石相比，仍有许多不同之处，对有经验的珠宝商或鉴定师，不难在10倍放大镜下，或辅以简单的方法加以区别。即使在已经镶嵌成首饰的情况下，也同样不难做到。但是，准确地确定出仿钻材料的类型，则不是一件容易的事情，需要做更多的研究。

2. 钻石仿制品的鉴定

实际上，每一种新的仿钻材料，都具有一些性质与钻石的某些方面相似，若不熟知仿钻材料的性质和特点，不具备识别仿钻的技能，就很容易把它们与钻石混淆。鉴别时主要依据它们的物理性质和光学性质，钻石与仿钻材料的特征，见表3-3。

表3-3　钻石及仿制品特征表

宝石名称	折射率	双折射率	相对密度	色散	硬度	其他特征	备注
钻石	2.417	均质体，具异常双折射	3.52	0.044	10	金刚光泽，棱线锋利，交点尖锐	
合成碳硅石（莫桑石，SiC）	2.648～2.691	0.043	3.22	0.104	9.25	明显的刻面棱重影，白线状包裹体，导热性与钻石接近	
立方氧化锆（CZ）	2.09～2.18	均质体	5.60～6.0	0.060	8.5	很强的色散，气泡或助熔剂包裹体；在短波下发橙黄色荧光	
钛酸锶	2.409	均质体	5.13	0.190	5.5	极强的色散，硬度低，易磨损，含气泡包裹体	相对密度大
钆镓榴石（GGG）	1.970	均质体	7.00～7.09	0.045	6.5～7	相对密度很大，硬度低，偶见气泡	
钇铝榴石（YAG）	1.833	均质体	4.50～4.60	0.028	8～8.5	色散弱，可见气泡	
白钨矿	1.918～1.934	0.016	6.1	0.026	5	相对密度大，硬度低	
锆石	1.925～1.984	0.059	4.68	0.039	7.5	明显的刻面棱重影，磨损的小面棱，653.5nm 的吸收线	可见明显的小面棱重影
合成金红石	2.616～2.903	0.287	4.6	0.330	6.5	极强的色散，硬度较低，双折射很明显，可见气泡包裹体	
无色蓝宝石	1.762～1.770	0.008～0.010	4.00	0.018	9	双折射不明显	可用折射仪测定折射率和双折射率
合成尖晶石	1.728	均质体，具异常双折射	3.64	0.020	8	异形气泡包裹体，在短波下发蓝白色荧光	
托帕石	1.610～1.620	0.008～0.010	3.53	0.014	8	色散弱，双折射不明显	
玻璃	1.50～1.70	均质体，具异常双折射	2.30～4.50	0.031	5～6	气泡包裹体和旋涡纹；硬度低，易磨损；有些发荧光	

　　由于钻石极为珍贵，因而熟知钻石和仿钻的基本特征，进行综合分析、对比、研究均是十分重要的。虽然钻石所具有的基本特征和鉴别依据，不可能完全适用

于所有与其相似的宝石及其仿制品，但总有1～2项是起主导作用，或已被实践证明是卓有成效的鉴别特征，因此，对不同的仿制品，对比不同的特征，总能将这些仿制品与钻石区别开。

钻石与立方氧化锆（CZ）的区别，在于后者的硬度比钻石低，密度比钻石大，热导率比钻石低很多，用钻石热导仪很容易将两者区分开来。已镶嵌者可用呵气试验，将其与钻石分开。因为，在立方氧化锆上吹气之后，其"雾气"的蒸发比钻石慢。

钻石与合成碳硅石（莫桑石）最为相似，两者都能通过钻石热导仪的检测，但合成碳硅石（莫桑石）有极大的双折射率，可以通过观察重影现象、白线状包裹体与钻石区别。

钻石与锆石之间也有许多相似之处，但锆石为一轴晶，有明显的重影现象，色散值低于钻石，琢磨后火彩相对较弱，硬度又比钻石低，具有明显的"纸蚀效应"。

钻石与尖晶石同为等轴晶系，都具均质性，但两者的区别在于尖晶石的硬度、折射率、色散等均比钻石低，火彩明显弱于钻石。

钻石与合成金红石的区别，在于金红石含有球形气泡包裹体，密度、折射率、色散均比钻石高，特别是其色散值很高，切磨后具有比钻石强得多的火彩。

钻石与钛酸锶的区别，在于钛酸锶在放大镜下缺乏钻石的光辉，外观几乎似黄油状，并可见到球形气泡包裹体，在紫外线照射下钛酸锶无荧光，但钛酸锶的色散值比钻石高，切磨后有强烈的火彩，其硬度比钻石低得多，饰品经佩戴一段时间，各小面的棱角变得圆滑，密度也比钻石大。

钻石与钇铝榴石（YAG）外观相似，但钇铝榴石的硬度比钻石低，折射率比钻石低，色散值比钻石低，切磨后火彩相对较弱，密度比钻石高很多。钻石与钆镓榴石（GGG）的区别，在于钆镓榴石在短波紫外线照射下，能发出橙色和橙红色强荧光。在长波紫外线照射下，则无荧光。并且硬度低、密度大，内部含有三角形片状包裹体和微小球形气泡包裹体。

第四章

钻石的评估

钻石的质量与价值评估是以"4C"作为标准的，国际上较有影响的钻石分级标准和机构，如美国宝石学院（GIA）的钻石分级体系、国际珠宝首饰联盟（CIBJO）的钻石分级规则、国际钻石委员会（IDC）的钻石分级标准、比利时的钻石高层议会（HRD）的钻石分级标准，以及我国国家质量监督检验检疫总局和中国国家标准化管理委员会联合发布的钻石分级国家标准（GB/T 16554—2017），都是以"4C"标准作为基础的。钻石的"4C"质量评价标准，指的是钻石的颜色（Colour）、净度（Clarity）、切工（Cut）和克拉重量（Carat Weight），英文单词的首字母均为"C"，所以简称为钻石的"4C"分级。在钻石评价过程中，"4C"是彼此相关而又缺一不可的。

一、颜色分级

1. 钻石的颜色等级特征

颜色是决定钻石质量优劣的最为重要的标志，作为宝石级钻石，一般为无色-浅黄色，而带有颜色的彩色钻石，则是钻石中的珍品，由于它们的罕见和瑰丽，又被誉为钻石家族中的"贵族"。彩色钻石的颜色有特殊的评价方法。现今对钻石颜色等级评价，主要是对无色-浅黄色系列的钻石，进行颜色分级。世界各主要钻石分级机构，对钻石颜色等级的划分标准，见表4-1。

表4-1 世界主要钻石分级机构颜色等级标准划分表

美国宝石学院（GIA）	中国钻石分级标准（GB/T 16554—2017）		国际珠宝首饰联盟（CIBJO）1991	比利时钻石高层议会（HRD）	国际钻石委员会（IDC）1979
D	D	100	极白色（+）		极白色（+）
E	E	99	极白		极白
F	F	98	很白（+）		很白（+）
G	G	97	很白		很白
H	H	96	白		白
I	I	95	较白		较白
J	J	94			
K	K	93	次白		次白
L	L	92			

续表

美国宝石学院（GIA）	中国钻石分级标准（GB/T 16554—2017）		国际珠宝首饰联盟（CIBJO）1991	比利时钻石高层议会（HRD）	国际钻石委员会（IDC）1979
M	M	91	一级微黄		一级微黄
N	N	90			
O	<N	<90	二级微黄		二级微黄
P					
Q			三级微黄		三级微黄
R					
S—Z			四级微黄		四级微黄

　　钻石的颜色等级不同，一方面，可以影响到钻石的外观；另一方面，颜色还可反映钻石的稀有程度。颜色等级越高，越是无色的钻石，越是稀有。尽管在很接近于无色的钻石之间的色调差异，对钻石的外观已经没有实际的影响，但是，仍然被划分成不同的等级，颜色等级越高的钻石，不同等级之间的价格差异，比颜色等级低的钻石更大（图4-1）。

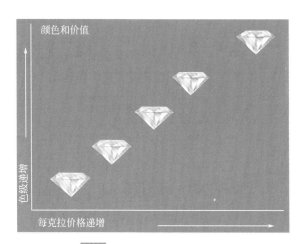

图4-1　钻石颜色与价值关系示意图

2. 钻石颜色的分级方法

　　钻石颜色的分级方法，采用的是传统的目视比色法，其原理就是首先建立一套完整的标准钻石比色石，将待定样品与标准钻石比色石对比，来确定钻石的颜色等级。

钻石的颜色分级，应具备以下几个方面的条件。

（1）标准光源。标准光源是一种色温为5500～7200K的日光灯。在不同的光源下观察，同一钻石会表现出微小的颜色差异（微弱的颜色变化），为了保证颜色分级的统一性，人为地规定了这样一个条件，目的就是能使分布于世界各地不同的实验室、不同的技术人员能在一个相同的条件下对钻石的颜色进行分级，以保证分级结果的统一性和可比性。

（2）标准钻石比色石。标准钻石比色石，是一套已经标定颜色级别的钻石，通常由7～10粒钻石组成，比色石代表该颜色级别的下限。钻石的颜色由白到黄，依次分别为：D、E、F、G、H、I、J、K、L、M，每粒钻石代表一个颜色等级（图4-2）。比色石具有严格的条件，比色石的重量应在0.25ct以上，同一套标准比色石的重量要大致相同；净度应在SI_1以上；琢型应为标准圆钻型切工；紫外灯下通常不发荧光或者只有极微弱荧光；比色石除黄、灰、褐色调外，无其他杂色。

E　　F　　G　　H　　I　　K　　M

图4-2 钻石比色石

（3）理想的实验室环境。理想的实验室环境应是中性的颜色环境，是指环境色调以白色、灰色为主，室内无阳光直射和其他杂色光干扰。用来放置标准比色石和钻石样品的台面或Ｖ形纸槽应为纯白色、无荧光、无反光的白板或白纸，周围不能有任何带有色彩的物体。

（4）荧光强度对比用的标样。是一套标定在长波紫外光强度级别的标准圆钻型切工的钻石样品，由3粒钻石组成，依次代表强、中、弱三个级别的下限，钻石的重量不低于0.20ct。分级时，按照发光的强弱，依次划分为强、中、弱和无四个级别。

（5）训练有素的分级师。钻石颜色的分级师应受过专门的训练，具备一定的颜色识别能力，熟悉每粒标准比色石的颜色差别，并能正确掌握颜色分级操作方法。能辨别出微弱的颜色差别，准确地分级。通常应由2～3人独立操作，取得一致结果后，才能最终确定待分级钻石的颜色级别。

（6）操作步骤。①清洗样品；② 称重；③打开比色灯、放置比色纸；④排放比色石；⑤将样品由左至右对比，观察视线要平行于腰围或垂直于钻石的亭部，直至最终颜色接近比色石；⑥注意颜色集中部分；⑦改变光源距离和角度进行观察；⑧荧光强度对比；⑨比色操作时间不宜过长。钻石颜色比色等级划分，以下限原则为准。

二、净度分级

净度，是指钻石纯净、透明无瑕的程度，即指钻石的内部含杂质的多少、大小、颜色的深浅以及所在位置，在钻石的"4C"评价中占有重要地位。例如，重量、颜色、切工完全相同的钻石，由于其净度不同，它的价值也会出现差异，有时这种差异还是极其悬殊的（图4-3）。

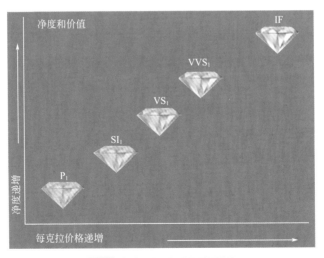

图4-3　钻石净度与价值关系示意图

钻石的净度特征，可分为内部特征（指深入到钻石内部的特征）和外部特征（指暴露在钻石表面的特征）。其中内部特征包括：点状包裹体、云状物、浅色包裹体、深色包裹体、针状物、内部纹理、内凹原始晶面、羽状纹、须状腰、空洞、破口、击痕、凹蚀管、晶界、双晶网、激光痕。外部特征包括：原始晶面、表面纹理、抛光纹、刮痕、额外刻面、缺口、击痕、棱线磨损、烧痕、黏杆烧痕、"蜥蜴皮"效应、人工印记。

1. 钻石净度的划分等级

自然界纯净无瑕的天然钻石十分罕见，绝大多数钻石或多或少都含有内、外部特征。珠宝首饰业界公认净度特征的可见度，以10倍放大条件（通常是在10倍放大镜）下观察为准。当今钻石净度分级，欧美都有大致相同的分级系统，其中以美国宝石学院（GIA）的钻石净度分级系统在国际珠宝首饰业界影响最大。GIA的钻石净度分级共分为完美无瑕（FL）、内部无瑕（IF）、非常极微瑕（$VVS_{1~2}$）、极微瑕（$VS_{1~2}$）、微瑕（$SI_{1~2}$）、有瑕（$I_{1~3}$）六大类十一级。我国的《钻石分级》国家标准（GB/T 16554—2017），对钻石净度划分为五个大级别和十一个小级别，不同国家、机构钻石净度等级划分，见表4-2。

表4-2　钻石净度等级划分表

中国（GB/T 16554—2017）		美国宝石学院（GIA）		国际珠宝首饰联盟（CIBJO）		国际钻石委员会（IDC）	
镜下无瑕级（LC）	FL	完美无瑕	FL	镜下无瑕（LC）	LC	镜下无瑕（LC）	LC
	IF	内部无瑕	IF				
极微瑕级（VVS）	VVS_1	非常极微瑕（VVS）	VVS_1	极微瑕（VVS）	VVS_1	极微瑕（VVS）	VVS_1
	VVS_2		VVS_2		VVS_2		VVS_2
微瑕级（VS）	VS_1	极微瑕（VS）	VS_1	微瑕（VS）	VS_1	微瑕（VS）	VS_1
	VS_2		VS_2		VS_2		VS_2
瑕疵级（SI）	SI_1	微瑕（SI）	SI_1	小瑕（SI）	SI_1	小瑕（SI）	SI_1
	SI_2		SI_2		SI_2		SI_2
重瑕疵级（P）	P_1	有瑕（I）	I_1	有瑕（P）	P_1	有瑕（P）	P_1
	P_2		I_2		P_2		P_2
	P_3		I_3		P_3		P_3

2.《钻石分级》国家标准的净度分级规则

《钻石分级》国家标准（GB/T 16554—2017）的净度分级规则，见表4-3。

表4-3　《钻石分级》国家标准（GB/T 16554—2017）净度分级规则

净度等级		定义	相关规则说明
镜下无瑕级（LC）		在10倍放大条件下，未见钻石具内、外部特征，细分为FL、IF	内部特征类型：点状包裹体、云状物、浅色包裹体、深色包裹体、针状物、内部纹理、内凹原始晶面、羽状纹、须状腰、破口、空洞、凹蚀管、晶界、双晶网、激光痕 外部特征类型：原始晶面、表面纹理、抛光纹、刮痕、额外刻面、缺口、击痕、棱线磨损、烧痕、黏杆烧痕、"蜥蜴皮"效应、人工印记
	FL	在10倍放大条件下，未见钻石具内、外部特征，定为FL级。下列外部特征情况仍属FL级：①额外刻面位于亭部，冠部不可见；②原始晶面位于腰围，不影响腰部的对称，冠部不可见	
	IF	在10倍放大条件下，未见钻石具内部特征，定为IF级。下列特征情况仍属IF级：①内部生长纹理无反光，无色透明，不影响透明度；②可见极轻微外部特征，经轻微抛光后可去除	
极微瑕级（VVS）		在10倍放大镜下，钻石具有极微小的内、外部特征，细分为VVS$_1$、VVS$_2$	
	VVS$_1$	钻石具有极微小的内、外部特征，10倍放大镜下极难观察，定为VVS$_1$级	
	VVS$_2$	钻石具有极微小的内、外部特征，10倍放大镜下很难观察，定为VVS$_2$级	
微瑕级（VS）		在10倍放大镜下，钻石具有细小的内、外部特征，细分为VS$_1$、VS$_2$	
	VS$_1$	钻石具细小的内、外部特征，10倍放大镜下难以观察，定为VS$_1$级	
	VS$_2$	钻石具细小的内、外部特征，10倍放大镜下比较容易观察，定为VS$_2$级	
瑕疵级（SI）		在10倍放大镜下，钻石具明显的内、外部特征，细分为SI$_1$、SI$_2$	
	SI$_1$	钻石具明显内、外部特征，10倍放大镜下容易观察，定为SI$_1$级	
	SI$_2$	钻石具明显内、外部特征，10倍放大镜下很容易观察，肉眼难以观察，定为SI$_2$级	
重瑕疵级（P）		从冠部观察，肉眼可见钻石具内、外部特征，细分为P$_1$、P$_2$、P$_3$	
	P$_1$	钻石具明显的内、外部特征，肉眼可见，定为P$_1$级	
	P$_2$	钻石具很明显的内、外部特征，肉眼易见，定为P$_2$级	
	P$_3$	钻石具极明显的内、外部特征，肉眼极易见并可能影响钻石的坚固度，定为P$_3$级	

　　总的来说，在评价钻石内部特征方面，其原则是：内部特征越小越好，内部特征的数量越少越好，内部特征的颜色越浅越好，内部特征的位置越远离台面越好。

3. 钻石净度分级判定的影响因素

钻石净度特征的可见性，是判定净度等级的主要依据。可见性由净度特征的大小、数量、位置、性质、颜色和反差决定。因此，净度等级必须依据这些因素的特征，综合考虑来判定。在某些情况下，还要考虑到净度特征对钻石耐用性存在的潜在威胁。

（1）净度特征的性质。外部特征对高净度等级钻石的影响比较大，尤其是对于LC等级的钻石而言，通常是外部特征决定其净度等级。对于VVS级以下的钻石，一般是内部特征决定净度等级，外部特征作为判定净度等级的参考因素。

（2）净度特征的大小。净度特征的大小是决定净度等级的重要因素。净度分级的前提，是在10倍放大条件下观察。无论是内部特征还是外部特征，净度特征越大，越容易看见，净度等级也就越低。例如，即使钻石无任何内部特征，若存在较大的原始晶面，就不能定为较高的净度等级；大的内部特征是判定净度等级的决定性因素。在净度分级方面HRD提出了净度分级的定量分析方法，即用显微镜测量出内含物的大小，并依此判定钻石的净度等级，IDC标准中5μm规则就是定量评价的体现。但是，定量评价钻石净度的方法，没有得到普遍的接受和支持。

所谓5μm规则，指的是在10倍放大条件下，5μm是大多数人肉眼分辨的极限，即小于5μm的内含物，10倍放大条件下肉眼是观察不到的。因此，将5μm作为净度等级的划分界线。

（3）净度特征的数量。净度特征的数量越多，可见性也越大，净度等级也就越低。即便是同样大小的内含物，在钻石内无论是散开分布或集中分布，数量多的都要比单个或少数几个的净度等级要低。如钻石中的云状物是由微小的、不到1μm大小的气液包裹体所组成，在10倍放大镜下，无法看清单个的包裹体，但是大量小包裹体聚集在一起，加强了光线的散射作用，形成了朦胧状的云雾体，使钻石的透明度下降。云雾体可使钻石的净度等级降至P级。此外，如果钻石中的包裹体形成多个映像，也是判定净度等级下降的原因。

（4）净度特征的位置。同样的净度特征，处于钻石内不同的位置，可见性不同。例如，同样大小的净度特征，位于台面的中央极易看到，若分布在腰围附近就不易被发现。所以，相同的净度特征因其所在的位置不同，会导致不同的净度等级。但是，这种影响没有内含物的大小与数量的影响大，往往导致降低一个小级。例如，VVS$_1$不允许有位于台面中央的针状物，若有则应定为VVS$_2$。在面棱顶点的附近及底小面（底尖）部分的内含物，会产生映像。一个内含物经刻面的反射，可形成多个映像，增加了该内含物的可见性，所以对净度的影响更大。一般情况下，位于台面正下方的净度特征对净度等级的影响最大，其后依次是冠部、腰部和亭部。

（5）内含物的颜色和反差。一个内含物在钻石中是否容易被发现，除了受其大小和所在位置影响外，还与内含物本身颜色与钻石颜色之间的反差有关。同样大小，所处位置也相同的两个内含物，如果颜色不同，或者表面光泽不同，其可见性也是有差异的。黑色或有色的包裹体，要比无色透明和浅色的包裹体更醒目。表面光泽强的高亮度包裹体，也更易看见。所以，同样条件下，深色内含物或高亮度内含物，要被判为较低的净度等级。

（6）对耐用性的影响。对耐用性有直接影响的内含物是裂隙。如果裂隙使钻石存在破裂，或者使某一部分有崩落的危险，即使裂隙还没有严重影响钻石的明亮度，也要判为最低的净度等级P$_3$级。

三、切工分级

切工，是指按设计要求对钻石进行切割和琢磨，生产出理想的钻石制品的整个工艺技术过程的总称。在"4C"评价标准中，切工是唯一的一个由人工工艺技术控制和决定的对钻石质量进行评价的因素。切工的好坏对钻石的颜色、净度、重量等都将产生很大的影响。好的切工可以使钻石的外形、大小、各部分比例、切磨角度、对称性、颜色、光学效果、重量等方面都能达到理想的要求。

钻石的琢型可有不同的样式，也就是说钻石外表各个刻面的形状、大小和排列组合方式可以不同。但是不管怎样，任何钻石的琢型，都必须遵循这样一个原则，即切磨后的钻石应具有最美的外观、最佳的光学效果和保持该钻石应有的最大重量。对于钻石切磨后的外形美和保持最大重量，一般人都不会感到陌生，而对于最佳光学效果则或许不甚了解，这主要是由钻石本身的物理性质所决定的。钻石无色透明，为各向同性的均质体，具有很高的折射率（2.417）和很强的色散值（0.044）。切磨得好的钻石，切磨后钻石表面光芒四射，即表现为亮光（白色光线从钻石表面反射出来所见到的强度）、火彩（钻石将白色光线分解成光谱内各种颜色的功能）和闪光（钻石移动时，从钻石表面所见到的闪烁光芒），见图4-4。

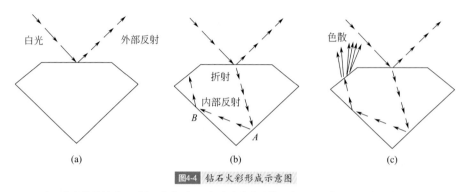

图4-4　钻石火彩形成示意图

（a）当一束光线照射到一颗钻石的表面，一部分光线将反射，称外部反射；（b）余下的光线穿过钻石折射进入钻石内部，称为折射，光线在钻石内部到达钻面上的A点和B点，称为内部反射；（c）光线反射到钻石表面，在那里进一步分解成光谱色即色散

1. 钻石切工的类型

当今世界各国珠宝首饰业界，研究和设计的钻石琢型很多，但其中最常见的有标准圆钻型、椭圆型、心型、祖母绿型、梨型、橄榄型和方型等。其中以标准圆钻型切工最为普遍，而后几种切工则被称为"花式切工"。对于任何一颗钻石原石而言，如果要对它进行切磨时，首先要尽可能地把它切磨成标准圆钻型，其次才考虑把它切磨成其他的琢型。其主要原因是标准圆钻型切工，最能体现出钻石所特有的美。

（1）标准圆钻型切工。1919年，由曼塞尔·托克瓦斯基（Marcel Tolkowsky）根据钻石的光学原理，设计出了圆钻的最佳切磨比例和角度，这种琢型被称为"标准圆钻型"（图4-5～图4-7），该琢型共有58个刻面（图4-8，表4-4）。

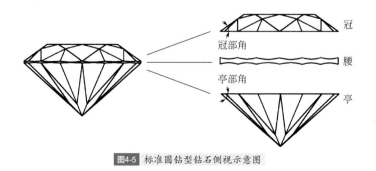

图4-5　标准圆钻型钻石侧视示意图

图4-6 标准圆钻型钻石侧视图

图4-7 标准圆钻型钻石顶视图

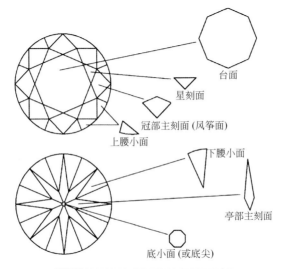

台面

星刻面

冠部主刻面 (风筝面)

上腰小面

下腰小面

亭部主刻面

底小面 (或底尖)

图4-8 标准圆钻型钻石各刻面名称示意图

表4-4 标准圆钻型的刻面名称

部位	名称	形状	数量
冠部 （Crown）	台面	正八边形	1
	冠部主刻面	四边形	8
	冠部星小面	三角形	8
	上腰小面	三角形	16
腰部（Girdle）			
亭部 （Pavilian）	下腰小面	三角形	16
	亭部主刻面	四边形	8
	底小面（底面）		1
合计			58

（2）花式切工。指除标准圆钻型切工以外的其他现代钻石琢型。常见的主要有椭圆型、橄榄型、梨型、祖母绿型、心型和方型等琢型（图4-9）。

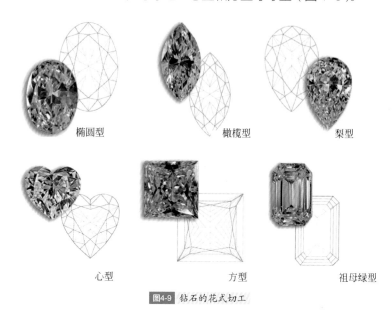

椭圆型　　　　　橄榄型　　　　　梨型

心型　　　　　方型　　　　　祖母绿型

图4-9 钻石的花式切工

2. 标准圆钻型切工的比率

标准圆钻型切工的比率（比例），是指以钻石腰围平均直径为100%，其他各部分相对于它的比例。主要包括：台宽比、冠高比、腰厚比、亭深比、底尖比、全深比、星刻面长度比、下腰面长度比（图4-10）。

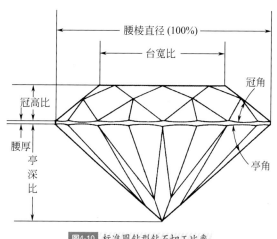

图4-10 标准圆钻型钻石切工比率

切工比率是决定钻石切工优劣最重要的因素，切割的比例适当，则火彩好；反之火彩就差。主要的比率如下。

（1）台宽比。台面宽度相对腰围平均直径的比例。

（2）冠高比。冠部高度相对腰围平均直径的比例。

（3）腰厚比。腰部厚度相对腰围平均直径的比例。

（4）亭深比。亭部深度相对腰围平均直径的比例。

（5）底尖比。底尖直径相对腰围平均直径的比例。

（6）全深比。底尖到台面的垂直距离与腰围平均直径的比例。

（7）星刻面长度比。星刻面顶点到台面边缘距离的水平投影（ds）相对于台面边缘到腰边缘距离的水平投影（dc）的比例（图4-11）。

（8）下腰面长度比。相邻两个亭部主刻面的联结点到腰边缘上最近点之间距离的水平投影（dl）相对于底尖中心到腰边缘距离的水平投影（dp）的比例（图4-11）。

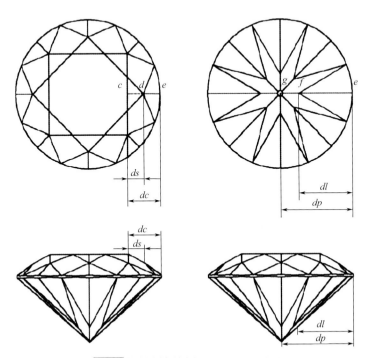

图4-11 星刻面长度比和下腰面长度比示意图

[据《钻石分级》（GB/T 16554—2017）]

除了上述这些线段的比率外，在钻石切磨过程中，有两个角度也十分重要，尽管这些角度与上述那些线段的比率有直接关系，但是在钻石的切工分级中，人们还是习惯于将它们单独列出，以示其重要性。

（1）冠角。冠部主刻面与腰部水平面之间的夹角。

（2）亭角。亭部主刻面与腰部水平面之间的夹角。

确定了标准圆钻型切工的各个部分比率，也就确定了每个部分的相对大小和主要刻面的角度。如：冠角由冠高比和台宽比来确定；亭角可根据亭深比来确定，并由此确定标准圆钻型切工轮廓的几何形态，达到标准圆钻型切工比率评价的目的。

3. 钻石切工评价的基本方法

钻石切工评价的基本方法，主要有两种：目视法和仪器测量法。

（1）目视法。使用10倍放大镜，用眼睛直接估测圆钻的各部分比例。具有方便、直观、快捷的特点。

（2）仪器测量法。使用钻石切工比例仪，对钻石各部分比例进行精确的测定。具有准确、快捷的特点，但仪器不便于携带。

随着钻石市场对切工的分级日益重视，钻石切工的评价也越来越细化，《钻石分级》国家标准（GB/T 16554—2017），将钻石的切工比率分为极好（Excellent，简写为EX）、很好（Very Good，简写为VG）、好（Good，简写为G）、一般（Fair，简写为F）、差（Poor，简写为P）五个级别。

在不同的台宽比条件下，利用全自动钻石切工比例仪，测出标准圆钻型琢型的冠角（α）、亭角（β）、冠高比、亭深比、腰厚比、底尖比、全深比、$\alpha+\beta$、星刻面长度比、下腰面长度比等项目的数值，确定各测量项目对应的级别，比率级别由全部测量项目中的最低级别表示。《钻石分级》国家标准（GB/T 16554—2017），列出了在不同台宽比下的切工比率分级表，可供查阅。

4. 修饰度评价

修饰度是指钻石切磨工艺优劣程度，是评价钻石切工的另一个重要因素，分为对称性和抛光两个方面。就钻石切工而言，尽管修饰度的重要性比切工比率低些，但修饰度仍可影响钻石整体的切磨效果。

（1）对称性。是指钻石的各个刻面的形状、位置、排列方式和对称等方面的特征。对称性的优劣，对标准圆钻型切工的明亮度有一定的影响；而对称偏差，则会破坏标准圆钻型切工几何图案的均匀性和美感。对称特征主要表现在以下方面（图4-12）。

(a) 不圆   (b) 尖点不齐   (c) 尖点不尖   (d) 同名刻面大小不等

(e) 台面倾斜   (f) 波状腰   (g) 骨状腰   (h) 锥状腰

(i) 台面偏心   (j) 底尖偏心   (k) 额外刻面

图4-12 钻石修饰度偏差类型图

① 腰不圆。从不同的位置测量钻石腰围直径不等。一般来说，腰围的最大直径和最小直径之差小于2%，即可视为很好。

② 冠部与亭部尖点不对齐（冠部与亭部错位）。从腰部观察，冠部刻面的交汇点与相应的亭部刻面交汇点不在同一垂直方向上，这种偏差是由于在打磨上下几个主刻面时，旋转角度不同，从而使上、下相应的主刻面发生错位，进而导致其他的刻面及其交汇点发生错动。

③ 刻面尖点不够尖锐（各面接角不准）。刻面的棱线没有在应该在的位置上交汇成一个点，最常见的是冠部与亭部主刻面的棱线在腰围处呈开放状或提前闭合。

④ 同名刻面大小不均等（台面八边不一致，面不匀称）。在同一颗钻石上，同名刻面大小不一。其中，以冠部刻面大小不一，更为严重。

⑤ 台面和腰部水平面不平行。一般情况下，钻石的台面和腰围所在平面应是平行的，但如果切磨失误，会造成这两个平面呈一定的夹角。这种偏差是较严重的修饰偏差，可影响钻石的亮度和火彩。

⑥ 波状腰（腰部上下有波动）。所谓波状腰是指腰围所在的平面已经不是一个与台面平行的平面，而呈上下波浪起状，波状腰会造成钻石的"领结效应"，由于波状腰造成亭部角变化，在亭部对应的两个方向上因漏光出现黑暗的区域，形似领结，故称"领结效应"（图4-13）。

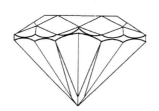

图4-13 波状腰的"领结效应"

⑦ 骨状腰。腰围的最大厚度有规律地变化或更确切地说相邻两个腰围，最大厚度相差较大，形似一头粗大、一头细小的骨骼，骨状腰会导致"单翻效应"。从台面观察钻石的亭部刻面出现明暗相间的现象（图4-14）。

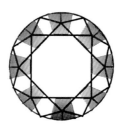

图4-14 骨状腰的"单翻效应"

⑧ 锥状腰。锥状腰是指钻石的腰围不是一个圆柱体，而是锥状体，锥状腰围是由于冠部或亭部比例不当，主要是冠部过高或亭深过大时，对钻石进行重新切割时造成的，将腰围切割成锥柱状，是为了最大限度地保持其原有重量，锥状腰围在10倍放大镜下会在钻石腰围出现一个"白色的轮圈"，这种"白色的轮圈"在减少冠高时更容易看到。

⑨ 底小面（底尖）偏离中心 [底小面（底尖）错位不在中心]。从侧面观察钻石，底小面（底尖）不在中心对称点上或台面不居中，从台面观察底小面（底尖）偏离台面中心点。

⑩ 额外刻面（多余小翻面）。规定刻面以外的所有多余的刻面，称为额外刻

面。额外刻面是由于切割不当造成的，通常额外刻面多出现在腰部附近，在亭部和冠部较少见。当额外刻面从钻石的台面观察看不到时，通常对钻石的切工影响不大，而能从冠部观察到的额外刻面，或多或少地都会影响钻石的切工。

《钻石分级》国家标准（GB/T 16554—2017），对称性级别划分为五个级别。

① 极好（EX）。10倍放大镜下观察，无或很难看到影响对称性的要素特征。

② 很好（G）。10倍放大镜下台面向上观察，有较少的影响对称性的要素特征。

③ 好（G）。10倍放大镜下台面向上观察，有明显的影响对称性的要素特征。肉眼观察，钻石整体外观可能受影响。

④ 一般（F）。10倍放大镜下台面向上观察，有易见的、大的影响对称性的要素特征。肉眼观察，钻石整体外观受到影响。

⑤ 差（P）。10倍放大镜下台面向上观察，有显著的、大的影响对称性的要素特征。肉眼观察，钻石整体外观受到明显的影响。

（2）抛光。是指对切磨抛光过程中，产生的外部特征，影响抛光表面完美程度的评价。抛光质量的优劣，直接影响到钻石的光学效应。当抛光质量很差时，会减损钻石表面反光的强度，减弱钻石的明亮度。即使钻石的切工比率很好，由于抛光不够精细，钻石也难以熠熠生辉。影响抛光级别的要素特征有抛光纹、划痕、烧痕、缺口、棱线磨损、击痕、粗糙腰围、"蜥蜴皮"效应、黏杆烧痕等。

《钻石分级》国家标准（GB/T 16554—2017），抛光级别划分为五个级别：

① 极好（EX）。10倍放大镜下观察，无至很难看到影响抛光的要素特征。

② 很好（VG）。10倍放大镜下台面向上观察，有较少的影响抛光的要素特征。

③ 好（G）。10倍放大镜下台面向上观察，有明显的影响抛光的要素特征。肉眼观察，钻石光泽可能受影响。

④ 一般（F）。10倍放大镜下台面向上观察，有易见的影响抛光的要素特征。肉眼观察，钻石光泽受到影响。

⑤ 差（P）。10倍放大镜下台面向上观察，有显著的影响抛光的要素特征。肉眼观察，钻石光泽受到明显的影响。

5. 切工级别

《钻石分级》国家标准（GB/T 16554—2017），切工级别划分为五个级别：极好（EX）、很好（VG）、好（G）、一般（F）、差（P）。

切工级别则是依据比率级别、修饰度（对称性级别、抛光级别），进行综合评价所得，见表4-5。

表4-5　切工级别划分规则（据国标GB/T 16554—2017）

切工级别		修饰度级别				
		极好（EX）	很好（VG）	好（G）	一般（F）	差（P）
比率级别	极好（EX）	极好	极好	很好	好	差
	很好（VG）	很好	很好	很好	好	差
	好（G）	好	好	好	一般	差
	一般（F）	一般	一般	一般	一般	差
	差（P）	差	差	差	差	差

四、重量分级

克拉重量是钻石"4C"评价中最为客观的一个标准，它直接关系到钻石的售价。钻石重量越大越稀有，其价值也就越高。在钻石贸易中对钻石进行估价和计价时，首先考虑的因素就是它的重量，然后才考虑它的颜色、净度和切工。一般认为钻石重量与其售价之间存在着这样的关系：

$$钻石价格 = （重量）^2 × 1ct钻石的市场基本价格$$

此原则是200多年以来钻石定价的基本规则，现仍具有指导意义。基于重量对钻石售价的无比重要性，人们通常按重量的不同将钻石分为很多粒级。如：著名的戴比尔斯（De Beers）公司把钻石按重量分为2000多个粒级，然后再参考颜色、净度、切工等三个因素，确定每个粒级钻石的售价。由于钻石过于珍贵且售价很高，以致人们认为"克拉"太粗略了，又出现了"分"（Point）作为钻石的重量计量单位，1ct等于100分。在国际市场销售钻石时，要求其重量测定的精度达到1/10分，即1/1000ct。但是，不论是GIA还是HRD中标明钻石重量时，都是计算到小数点后两位，如1.08ct、0.32ct等。

1. 钻石原石的重量测定

钻石原石的重量可以用电子天平、电子克拉秤，直接称量，得到的结果是最精确的。

此外，也可以通过测定钻石颗粒的体积，再乘以钻石的密度，从而得到所测钻石的重量。

2. 镶嵌钻石的重量估算

镶嵌的钻石，一般不可能或不允许取下来用电子天平（或电子克拉秤）直接称量它的重量，因而只能采用其他方法进行测量和估算。

通常先测量钻石各部分的尺寸，然后用特定的经验公式计算其重量，由此而得到的重量称为"钻石估算重量"，虽然它与直接用电子天平（或电子克拉秤）进行称量，所得到的钻石重量相比有一定的误差，但仍是一种较好的确定镶嵌钻石重量的方法。

美国宝石学院（GIA）提出了几种主要钻石琢型重量的经验计算公式：

（1）圆钻型。钻石估算重量（ct）＝平均腰围直径^2×深度×0.0061。

（2）椭圆型。钻石估算重量（ct）＝平均直径^2×深度×0.0062（平均直径为椭圆长径和短径的平均值）。

（3）心型。钻石估算重量（ct）＝长度×宽度×深度×0.0061。

（4）祖母绿型（长方型）、橄榄型、梨型。钻石估算重量（ct）＝长度×宽度×深度×调整系数。

上述公式中的调整系数与钻石琢型的长度和宽度之比有关，需先求出长、宽比，然后选择与之相应的调整系数，再代入上述计算公式，计算出钻石的估算重量。上述三种琢型的调整系数，见表4-6。

表4-6 重量估算调整系数表

祖母绿型（长方型）		橄榄型		梨型	
长宽比率	调整系数	长宽比率	调整系数	长宽比率	调整系数
1.00：1.00	0.0080	1.50：1.00	0.00565	1.25：1.00	0.00615
1.50：1.00	0.0092	2.00：1.00	0.00580	1.50：1.00	0.00600
2.00：1.00	0.0100	2.50：1.00	0.00585	1.66：1.00	0.00590
2.50：1.00	0.0106	3.00：1.00	0.00595	2.00：1.00	0.00575

标准圆钻型切工，是按标准比例切磨的，只要测量出圆钻腰围的平均直径，就能估算出钻石的大致重量。腰围直径与重量呈正比关系，腰围直径越大，钻石的重量也就越大。《钻石分级》国家标准（GB/T 16554—2017），列出了钻石平均直径与钻石重量的对应关系表（表4-7）。

表4-7　标准圆钻型切工钻石的腰围平均直径与重量对应关系

平均直径 /mm	大约重量 /ct	平均直径 /mm	大约重量 /ct
2.9	0.09	6.2	0.86
3.0	0.10	6.3	0.90
3.1	0.11	7.2	1.39
3.2	0.12	7.3	1.45
3.3	0.13	7.4	1.51
3.4	0.14	7.5	1.57
3.5	0.15	7.6	1.63
3.6	0.17	7.7	1.70
3.7	0.18	7.8	1.77
3.8	0.20	7.9	1.83
3.9	0.21	8.0	1.91
4.0	0.23	8.1	1.98
4.1	0.25	8.2	2.05
4.2	0.27	8.3	2.13
4.3	0.29	8.4	2.21
4.4	0.31	8.5	2.29
4.5	0.33	8.6	2.37
4.6	0.35	8.7	2.45
4.7	0.37	8.8	2.54
4.8	0.40	8.9	2.62
4.9	0.42	9.0	2.71
5.0	0.45	9.1	2.80
5.1	0.48	9.2	2.90
5.2	0.50	9.3	2.99
5.3	0.53	9.4	3.09
5.4	0.57	9.5	3.19
5.5	0.60	9.6	3.29
5.6	0.63	9.7	3.40
5.7	0.66	9.8	3.50
5.8	0.70	9.9	3.61
5.9	0.74	10.0	3.72
6.0	0.78	10.1	3.83
6.1	0.81	10.2	3.95
6.4	0.94	10.3	4.07
6.5	1.00	10.4	4.19

续表

平均直径 /mm	大约重量 /ct	平均直径 /mm	大约重量 /ct
6.6	1.03	10.5	4.31
6.7	1.08	10.6	4.43
6.8	1.13	10.7	4.56
6.9	1.18	10.8	4.69
7.0	1.23	10.9	4.82
7.1	1.33	11.0	4.95

通过测量腰围平均直径，可估算出标准圆钻型钻石的大约重量。但需要注意的是，如果钻石的切磨比例不标准，例如腰很厚时，采用这种方法测得的结果就不准确了。

对于钻石的重量，一个值得注意的现象是克拉台阶现象。由于大多数人对整数克拉钻石的偏爱，导致钻石价格在整数克拉处有一阶梯式的增长，称为克拉溢价（Carat Premiums）或克拉台阶（图4-15），这是市场需求所造成的，也是重量影响钻石价格的基本规律。足1ct或稍重钻石的每克拉价比0.9ct的要高一些，同样，足2ct、3ct的也是如此。简言之，每一整数克拉钻石的每克拉价格呈阶梯式增长，至少在10ct以内的是如此，超过此重量的溢价现象减弱。市场上常见的1/4、1/3、1/2、3/4等简单分数克拉处也出现克拉溢价现象。

克拉溢价现象与钻石的质量也存在着密切关系，一般来说，高质量的钻石，克拉台阶很明显，溢价幅度大；相对低质量的钻石，克拉台阶不明显，溢价幅度较小。

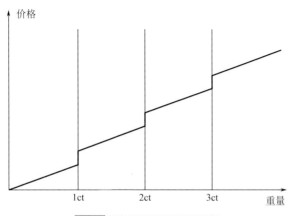

图4-15 钻石的克拉溢价现象示意

第五章

无可比拟的稀世大钻

chapter
five

一、世界特大钻石概览

钻石是极为稀有和珍贵的矿产资源，而大钻石则更为罕见。在人类的钻石发现史上，通常把重量超过100ct的钻石，称之为大钻石；而重量超过400ct的钻石原石，称之为特大钻石。据资料统计，目前世界上发现的大于100ct的钻石原石约有1900多颗，重量超过400ct的特大钻石，约有70余颗，其中绝大部分产自非洲大陆。在钻石发现史上，著名的特大钻石原石，见表5-1。

表5-1　著名的重量大于400ct的特大钻石一览表

序号	钻石名称	重量 /ct	发现时间	产出国
1	库里南（Cullinan）	3106.00	1905	南非
2	罕见的发现（Sewelô）	1758.00	2019	博茨瓦纳
3	无名（Unnamed）	1138.00		刚果民主共和国
4	吾辈之光（Lesedi La Rona）	1109.00	2015	博茨瓦纳
5	高贵无比（Excelsior）	995.20	1893	南非
6	塞拉利昂之星（Star of Sierra Leone）	969.80	1972	塞拉利昂
7	莱索托传奇（Lesotho Legend）	910.00	2018	莱索托
8	无与伦比（Incompzxc\arable）	890.00	1984	刚果民主共和国
9	无名（Unnamed）	880.00	1983	几内亚
10	星座（Constellation）	813.00	2015	博茨瓦纳
11	大莫卧尔（Great Mogul）	787.00	1650	印度
12	千禧之星（Millennium Star）	777.00	1990	刚果民主共和国
13	沃耶河（Woyie River）	770.00	1945	塞拉利昂
14	金色五十周年纪念（Golden Jubilee）	755.50	1985	南非
15	瓦加斯总统（President Vargas）	726.60	1938	巴西
16	琼克尔（Jonker）	726.00	1934	南非
17	和平（Peace）	709.41	2017	塞拉利昂
18	无名（Unnamed）	657.00	1936	巴西
19	朱碧丽-雷茨（Jubilee-Reitz）	650.80	1895	南非

续表

序号	钻石名称	重量 /ct	发现时间	产出国
20	无名（Unnamed）	630.00	1938	巴西
21	无名（Unnamed）	620.14		南非
22	塞法度（Sefadu）	620.00	1970	塞拉利昂
23	金伯利八面体（Kimberley Octahedral）	616.00	1974	南非
24	巴姆哥尔德（Baumgold）	609.25	1922	南非
25	莱索托诺言（Lesotho Promise）	603.00	2006	莱索托
26	桑托·安托尼奥（Santo Antônio）	602.00	1994	巴西
27	莱索托布朗（Lesotho Brown）	601.25	1967	莱索托
28	戈亚斯（Goyas）	600.00	1906	巴西
29	百年纪念（Centenary）	599.00	1986	南非
30	无名（Unnamed）	593.50	1919	南非
31	德·格里斯可诺精神（Spirit of de Grisogono）	587.00		中非共和国
32	无名（Unnamed）	572.25	1955	南非
33	无名（Unnamed）	565.75	1912	南非
34	加拿大面罩（Canadamask）	552.74	2018	加拿大
35	莱特森之星（Letšeng Star）	550.00	2011	莱索托
36	无名（Unnamed）	549.00	2020	博茨瓦纳
37	无名（Unnamed）	537.00		南非
38	无名（Unnamed）	532.00	1943	塞拉利昂
39	莱索托 B（Lesotho B）	527.00	1965	莱索托
40	无名（Unnamed）	523.74	1907	南非
41	无名（Unnamed）	514.00	1911	南非
42	温特（Venter）	511.25	1951	南非
43	无名（Unnamed）	507.00	1914	南非
44	库里南遗产（Cullinan Heritage）	507.00	2009	南非
45	金伯利（Kimberley）	503.50	1914	南非
46	无名（Unnamed）	500.00	1976	中非共和国
47	莱特森遗产（Letšeng Legacy）	493.00	2007	莱索托

续表

序号	钻石名称	重量 /ct	发现时间	产出国
48	巴姆哥尔德Ⅱ（Baumgold Ⅱ）	490.00	1941	南非
49	无名（Unnamed）	487.25	1905	南非
50	莱特森之光（Leseli la Letšeng）	478.00	2008	莱索托
51	梅亚繁荣（Meya Prosperity）	476.00	2017	塞拉利昂
52	无名（Unnamed）	472.00	2018	博茨瓦纳
53	无名（Unnamed）	458.75	1907	南非
54	无名（Unnamed）	458.00	1913	南非
55	雅各布-维多利亚（Jacob-Victoria）	457.50	1884	南非
56	达茜·瓦加斯（Darcy Vargas）	455.00	1939	巴西
57	无名（Unnamed）	444.00	1926	南非
58	无名（Unnamed）	442.25	1917	南非
59	尼扎姆（Nizam）	440.00	1835	印度
60	扎勒和平之光（Zale Light of Peace）	434.60	1969	塞拉利昂
61	无名（Unnamed）	430.50	1913	南非
62	维多利亚1880（Victoria 1880）	428.50	1880	南非
63	戴比尔斯（De Beers）	428.50	1888	南非
64	夏尔恩卡Ⅰ（Charncca Ⅰ）	428.00	1940	巴西
65	无名（Unnamed）	427.50	1913	南非
66	尼尔考斯（Niarchos）	426.50	1954	南非
67	无名（Unnamed）	419.00	1913	南非
68	比尔格伦（Berglen）	416.25	1924	南非
69	伯劳德里克（Brodrick）	412.50	1928	南非
70	皮特（Pitt）	410.00	1701	印度
71	无名（Unnamed）	409.00	1913	南非
72	杜特拉总统（President Dutra）	407.68	1949	巴西
73	无名（Unnamed）	407.50	1926	南非
74	4-德·法弗埃罗（4 de Fevereiro）	404.20	2016	安哥拉
75	科罗曼德尔Ⅵ（Coromandel Ⅵ）	400.65	1948	巴西
76	无名（Unnamed）	400.00	1891	南非

上述76颗特大钻石，发现于11个国家，主要产于非洲大陆，尤其以南非所产最多，见表5-2。

表5-2 各国产出的特大钻石一览表

所属地区	国家	数量/颗	占比/%
非洲	南非	37	48.68
	塞拉利昂	7	9.21
	莱索托	7	9.21
	博茨瓦纳	5	6.58
	刚果民主共和国	3	3.95
	中非共和国	2	2.63
	几内亚	1	1.32
	安哥拉	1	1.32
南美洲	巴西	9	11.83
亚洲	印度	3	3.95
北美洲	加拿大	1	1.32

二、南非出产的特大钻石

南非位于非洲大陆最南端，地处南半球，有"彩虹之国"之美誉，陆地面积为121.909万平方千米，北邻纳米比亚、博茨瓦纳、津巴布韦、莫桑比克和斯威士兰，中部环抱莱索托，使其成为世界上最大的"国中之国"。东、南、西三面为印度洋和大西洋所环抱。其西南端的好望角航线，历来是世界上最繁忙的海上通道之一，有"西方海上生命线"之称。南非是世界上重要的钻石产地，自19世纪70年代末期，在其中部的金伯利地区发现了金伯利岩型钻石原生矿，使其一跃成为世界钻石的最重要出产国。南非出产的钻石中，特大钻石尤其多，下面简要介绍产于南非的有代表性的特大钻石。

（一）独占鳌头的库里南钻石

库里南钻石是目前世界上发现的最大钻石，产自南非著名的普列米尔（Premier）钻石矿，它的发现也是钻石发现史上最大的奇迹。

1. 普列米尔钻石矿的发现

在钻石勘探史上，19世纪80年代在南非中部的金伯利（Kimberley）地区，发现了金伯利岩型钻石原生矿，这是钻石找矿史上的重大突破，具有里程碑意义。而在南非东北部的德兰士瓦发现原生钻石矿，则是一件十分偶然的事情。在南非金伯利地区发现钻石原生矿以前，其他地方发现的钻石均属砂矿资源。

当时，有一名曾在金伯利地区的戴比尔斯钻石矿工作过的矿工佩西瓦尔·怀特·特雷西（Percival White Tracey），来到了约翰内斯堡，加入了淘金者的行列。淘金的人们，沿韦特瓦特斯兰德（Witwatersrand）发现了含金矿脉的岩石，但是他们并不知道这些岩石与金矿床的关系及岩石的沉积相特征。而特雷西却不同，他在溪流中淘沙采金时，发现淘金盘中的碎屑，与他在金伯利地区钻石矿山见到的很相似。

因此，他划着小船，沿着溪流，继续溯源而上，追踪碎屑的源头，不知不觉地进入了埃兰德斯丰坦（Elandsfontein）庄园。在那里，他发现了一座小山的外貌特征，非常类似于金伯利地区钻石矿周围的小山。他凭着直觉和经验，判断这里或许是又一座蕴藏钻石的矿山。但是，特雷西没能走得很远，因为埃兰德斯丰坦庄园的主人，乔奇姆·普林斯路（Joachim Prinsloo）是一个布尔人，对淘金者存有很深的偏见，他十分讨厌未经许可进入他庄园的淘金者，并随时有可能开枪射击。其原因是他曾在曼德丰坦（Madderfontein）拥有过一个庄园，由于1886年出现的淘金热，使他被迫出售了庄园，无奈地搬到了埃兰德斯丰坦。而这里又发现了钻石，因此他对淘金者和采钻石者极不友善。

基于上述原因，特雷西无奈只能撤退。而庄园主普林斯路则在贫瘠荒凉的土地上，继续从事着种植业，并出租部分土地给当地人耕种。特雷西为了成就继续追踪钻石的"梦想"，他想到了约翰内斯堡著名的建筑承包商——托马斯·库里南（Thomas Cullinan）。此人对寻找钻石存有浓厚的兴趣，也曾预言过德兰士瓦可能产有钻石，此外，库里南对贸易谈判也十分在行。为此，他们两人以各种名义，拜访了庄园主普林斯路。

库里南希望普林斯路能给他们3个月的时间，以便对庄园进行初步勘探，如果地下的矿产资源能满足他的要求，他就买下整个庄园，对于这样的要求，庄园主显然不能接受，他不仅阻止勘探人员在他的庄园内工作，而且根本不相信他们能在庄园内，发现任何有价值的矿产资源。因此，普林斯路开价2.5万英镑出售这个庄园，这个价格是他买下这个庄园时的50倍。

　　双方谈妥了条件，但尚未进行实质性的交易，就爆发了英帝国与德兰士瓦和奥兰治自治州间的布尔战争（1899—1902）。由于战争期间通信中断，交易双方无法联系。战争结束后，库里南重新提出交易的要求，但庄园主把出售庄园的价格提高到了5万英镑，对于库里南来说别无选择。最终，双方达成了交易，加上额外的费用，库里南共付出了5.2万英镑，买下了埃兰德斯丰坦庄园。1902年10月，随即进行勘探，第一个矿坑产出了镁铝榴石和橄榄石，这两种矿物经常与钻石共生在一起，并且分布在钻石矿床周围大致呈圆形的区域内。开采的第二个矿坑，就产出了11颗钻石，其中有1颗重达16ct。

　　普列米尔（德兰士瓦）钻石矿业公司成立于1903年。而在埃兰德斯丰坦发现的钻石矿，也就称为普列米尔钻石矿。这座矿山在开采的头两年，就产出400ct以上的特大钻石4颗，200～300ct的钻石2颗，100～200ct的钻石16颗，并在1905年发现了库里南钻石这样的特大钻石，库里南的投资得到了丰厚的回报。

　　2. 库里南钻石的发现

　　1905年1月25日，是钻石发现史上最具有纪念意义的一天。这天黄昏，夕阳西下劳作了一天的矿工们，正拖着疲惫的身躯，带着满身的汗水和灰尘，向着他们临时居住的小棚屋慢悠悠地走去。这时，矿山的监工弗雷德里克·韦尔斯（Frederick G. S. Wells）也在这个人群中慢吞吞地转悠，一面监视着矿工，一面静待着收工的号令。当他偶然走到矿坑边时，突然发现矿坑的顶部有1颗闪闪发光的石头，在夕阳照射下，这颗石头表面闪闪发亮，正好映入了他的眼帘。他下意识地认为自己遇到了"好运"，发现了苦苦寻觅的钻石，他连忙弯下腰，趴在地上，用随身携带的小刀轻轻地把这颗闪亮的石头刨了出来，奇迹就这样出现了。这是一颗闪亮的钻石晶体，似成年人拳头般大小。他被惊得目瞪口呆，情不自禁地跳了起来，简直不敢相信自己的眼睛，因为在此之前，不要说是钻石，就是连钻石的碎片也从来没有见过。此时，他小心翼翼地把这颗钻石藏在怀里，一边走一边还在喃喃自语：这不可能是一颗大钻石吧！

　　但是，韦尔斯发现的确实是一颗特大的钻石，在钻石的发现史上是前所未有的，重达3106ct，是世界上最大的钻石，重量是当时最大的"高贵无比"钻石的3倍多。就在当天晚上，这颗特大的钻石放进了矿山的保险柜中，并就此事报告了公司董事长托马斯·库里南。

　　库里南看着放在办公桌上的特大钻石，心花怒放，高兴至极。他笑逐颜开地嘉奖了弗雷德里克·韦尔斯，在众人艳羡的目光下，韦尔斯从库里南手中得到了2000英镑的高额奖金。而库里南则以自己的名字命名了这颗钻石（Cullinan Diamond，图5-1），也使自己的名字永载于钻石史册。

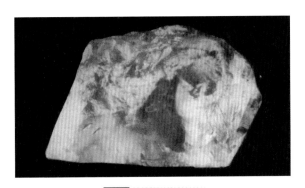

图5-1 库里南钻石原石

3. 出售库里南钻石

　　出售库里南这颗特大钻石，并不是一件容易的事情，当时世界上能买得起这颗特大钻石的潜在买主，可以说是寥寥无几。因此，要想出售这颗特大钻石，通常的做法就是将其切磨成较小颗粒的钻石，这样可以有效地降低每颗钻石销售的价格，但这样必将有损于特大钻石的独特性、稀有性和唯一性，这是一个两难的抉择。由于大钻石是可遇而不可求的，要出售库里南钻石，但又不破坏它的独特性，则需要等待时机。在库里南钻石的出售过程中，并没有遭此"厄运"。当时布尔战争已经结束，时任德兰士瓦自治政府总理的布尔人路易斯·博塔（Louis Botha）将军，为了能得到大英帝国的庇护，决定买下库里南钻石，送给当时的英国国王爱德华七世（Edward Ⅶ），作为英王66岁（1907年11月9日）生日的礼物。为此，德兰士瓦政府共计花费了17.5万英镑。英国国王收下了这份厚礼，这颗钻石将从它的出产地南非，来到英国。

把价值连城的库里南钻石从南非运到英国，也不是一个简单的事情，其中首先要考虑的问题就是安保和防盗。为此英国专门派来了全副武装的士兵，利用特殊防卫的交通运输工具，将这颗巨钻运往伦敦。事实上，这些士兵押运的只是一块巨钻的仿制品，而真正的库里南钻石，是夹在一个普通的邮包中寄达伦敦的。

4. 库里南钻石的切磨

爱德华七世收下库里南钻石后，决定将这颗特大钻石切磨成饰钻。他委托当时荷兰最著名的钻石切磨公司阿斯恰兄弟公司（Asscher Brothers）来完成这一任务，该公司曾在几年前切磨了"高贵无比"钻石。切磨库里南钻石由约瑟夫·阿斯恰（Joseph Asscher，1871—1937）亲自完成，他专程来到伦敦仔细观察了这颗特大钻石，并把它放在衣袋中带回了设在荷兰阿姆斯特丹的工作间。在具体实施切磨前，他开动脑筋、竭尽全力，共计花费了6个月的时间，对这颗钻石进行了详细的研究，设计了不同的切磨方案，并在相应的仿制品上做了几十次的模拟实验，为的是能更好地完成这颗钻石的切磨任务。

经过反复的研究和实验，阿斯恰选用了劈开的方法来切割钻石。钻石虽然很硬，但是钻石有解理。因此，只要沿着解理方向，对钻石施以重击，钻石就会沿着解理方向裂开。对于库里南钻石来说，沿着哪个解理方向劈开这颗钻石，可以最低限度地减少浪费，得到重量最大、数量最多、光学效果最佳的现代琢型钻石，这是阿斯恰必须要考虑和面对的问题。

阿斯恰选好了方向，并用传统的印度墨水在钻石原石上做了标记，并在标记线的一端，用另一颗钻石切出了一个"V"字形凹口，这也是劈开钻石的常用方法，而对于库里南钻石来说，唯一例外的是需要用更大的切割工具。

1908年2月10日，阿斯恰在万事俱备后，开始对库里南钻石进行切割，他用一把锋利的钢刀的刀刃作楔子，放在钻石的"V"字形凹口处，钻石被粘紧在托架上，并将其牢牢地固定在工作台上。这颗世界上最大的钻石，将通过阿斯恰的简单一击，而劈开成两半，可以想象当时的紧张程度。如果钻石没有按照设计预判的方向裂开，就不能产生最好、最大的切磨钻石，阿斯恰身负重望，责任重大。只见他左手平稳地扶着托架，右手举起一个形状特殊的木槌，快速地用木槌砸向钢刀的顶部，钻石则完全按照设计的方向裂开了（图5-2），阿斯恰如释重负。

图5-2 阿斯恰劈开库里南钻石

随后，钻石又被劈开成若干小块（图5-3），切磨成了9颗主要的成品钻和96颗较小的多面型钻石以及约10ct的未琢磨小钻石。切磨好的饰钻，总重为1063ct，成材率34.22%。如果用锯开的方法切割这颗钻石，可以有效地提高成品钻的成材率，但是这个加工过程，将会变得非常漫长。

图5-3 库里南钻石劈开成9小块毛坯钻石

5. 源自库里南钻石的世界名钻

源自库里南钻石的9颗著名成品钻石，分别称作库里南Ⅰ号（又称非洲之星，Star of Africa）至库里南Ⅸ号，均属英国皇家珠宝，见表5-3。

每颗成品钻石的特征如下。

（1）库里南Ⅰ号（又称非洲之星）。钻石共琢有76个刻面，呈梨型琢型，大小为58.9mm×45.4mm×27.7mm，重530.20ct。切磨后的库里南Ⅰ号钻石，镶嵌在英国国王的权杖上（图5-4）。钻石呈D色，亭部有一个羽状纹和一个额外刻面，净度等级近于无瑕。在长波紫外光照射下，不发荧光，而在短波紫外光照射下，呈微弱的绿白色荧光，且具有微绿色磷光现象。

表5-3 库里南 I 号至库里南 IX 号钻石特征表

编号	名称	重量 /ct	琢型	用途
1	库里南 I 号（非洲之星）	530.20	梨型	镶嵌在英国国王权杖
2	库里南 II 号	317.40	长角阶梯型	镶嵌在英国国王王冠的正面
3	库里南 III 号	94.40	梨型	英国皇家珠宝
4	库里南 IV 号	63.70	长角阶梯型	英国皇家珠宝
5	库里南 V 号	18.85	心型	英国皇家珠宝
6	库里南 VI 号	11.55	橄榄型	英国皇家珠宝
7	库里南 VII 号	8.77	橄榄型	英国皇家珠宝
8	库里南 VIII 号	6.80	长角阶梯型	英国皇家珠宝
9	库里南 IX 号	4.39	梨型	英国皇家珠宝

图5-4 镶嵌库里南 I 号（非洲之星）钻石的英国国王权杖

（2）库里南 II 号。钻石共琢有68个刻面，呈长角阶梯型琢型，大小为45.4mm×40.8mm×24.2mm，重317.40ct。切磨后的库里南 II 号钻石镶嵌在英国国王王冠的正面（图5-5）。钻石呈D色，腰部有一个小破口，在台面和星刻面各有一发丝状的羽状纹，在星刻面和接近于腰部的亭部刻面上，有两个近似平行的裂隙，且有一额外刻面，在台面上有一些刮伤，钻石的净度等级近于无瑕。钻石的荧光特征与库里南 I 号钻石相同。

（3）库里南 III 号。钻石呈梨型琢型，重94.40ct（图5-6，下）。

（4）库里南 IV 号。钻石呈长角阶梯型琢型，重63.70ct（图5-6，上）。

（5）库里南 V 号。钻石呈心型琢型，重18.85ct（图5-7）。

（6）库里南 VI 号。钻石呈橄榄型琢型，重11.55ct（图5-8，下）。

图5-5　库里南Ⅱ号钻石镶嵌在英国国王王冠正面（下方中央）

图5-6　库里南Ⅲ号钻石（下）和库里南Ⅳ号钻石（上）

图5-7　库里南Ⅴ号钻石制作的胸针

图5-8　库里南Ⅵ号钻石（下）和库里南Ⅷ号钻石（上）制作的胸针

（7）库里南Ⅶ号。钻石呈橄榄型琢型，重8.77ct。用于由祖母绿和钻石，镶嵌而成的德里杜巴项链（Dehli Durbar Necklace）的垂饰（图5-9）。

图5-9 德里杜巴项链（垂饰上的钻石为库里南Ⅶ号钻石）

图5-10 镶嵌库里南Ⅸ号钻石的铂金戒指

（8）库里南Ⅷ号。钻石呈长角阶梯型琢型，重6.80ct（图5-8，上）。

（9）库里南Ⅸ号。钻石呈梨型琢型，重4.39ct，被镶嵌在1枚铂金戒指上（图5-10）。

需要特别指出的是，所有这些镶嵌在饰品上的钻石，都是可以拆卸重复使用的。

（二）举世无双的高贵无比钻石

高贵无比（Excelsior）钻石，1893年6月30日，发现于南非金伯利地区福勒斯密斯（Fauresmith）附近的亚格斯丰坦（Jagersfontein）钻石矿，原石重达995.20ct。在1905年库里南钻石发现之前，这颗钻石曾是世界上发现的最大钻石。

1. 亚格斯丰坦钻石矿的发现

亚格斯丰坦钻石矿的发现与一个名叫德克勒克（De Klerk）的人密切相关。当时，他是亚格斯丰坦庄园负责种植业的主管，偶然从曾在瓦尔河和奥兰治河旁的淘金者那里，探听到了发现钻石的消息，这个消息引发了许多淘金者的兴趣，一传十，十传百，许多淘金者怀揣着发财的梦想，加入到了挖掘淘选钻石的行列。但是，真正有运气淘到钻石的人，则是少之又少。就在这一大潮的涌动下，德克勒克也决定在庄园里试试自己的运气。他试着先向地下挖了几米，很快就挖到了古河床的砾石层，他把砾石层中的砂土和砾石，放入水槽中进行淘洗，发现了常与钻石伴生的矿物——石榴石，他知道石榴石与钻石的形成有关。因此，他继续努力，不久幸运之神便降临到他的头上，他发现了1颗重50ct的钻石。

德克勒克的发现一经传出，引发了更多的淘宝者蜂拥而至，他们纷纷以互助组的形式，合伙买入庄园的土地，他们认为这是一个很有资源潜力的矿山，并且合作成立了一个采矿公司。并且与戴比尔斯公司的始创者赛西尔·洛兹（Cecil Rhodes）的合伙人，韦纳（Werner）和贝特（Beit）签署了相关的协议，协议中规定出售所有在1892年7月至1893年6月30日期间，在亚格斯丰坦钻石矿采到的钻石，协议还具体规定了每克拉钻石的平均价格。

2. 高贵无比钻石的发现

高贵无比钻石的发现还是颇具戏剧性的，1893年6月30日，也就是上述协议即将期满之时，矿工们成群结队仍像往日一样，不停地劳作，监工则漫无边际地随处转悠，各司其职。就在这时，一名监工偶然地注意到了一个异常的现象，一名矿工悄悄地离开了成群的矿工，那人不时地停下手中的工作，东张西望，似乎在观察矿区周围的地形。此时，监工顿时提高了警惕，为了能更清楚地监视这个矿工的诡异行为，监工不停地变换着观察的位置。但是，当监工的注意力稍一分散时，那个行踪可疑的矿工，就突然从监工的视野中消失了，而那时尚未到收工时间。监工急忙跑去问其他的矿工，所有人都不知道那个矿工的去向，他们都很害怕。因为矿工们深知对私自偷盗钻石者的处罚，是非常严厉的，他们都不希望自己卷入此事之中。搜遍了整个矿区，仍没有找到那个失踪的矿工。

随着时间的推移，就在午夜前半小时，也就是上述协议即将期满的那一刻，那个神秘失踪的矿工，突然出现在矿山主管面前。将自己发现的这颗大钻石，亲手交给了矿山主管，并且说明了短暂离开的原因，并要求矿主予以奖励。

这颗当时世界上最大的钻石，就这样戏剧般地交到了矿主的手中。矿主十分欣喜，奖赏了他500英镑、一匹马和一些工具，并派护卫队护送矿工回家。

3. 高贵无比钻石的交易

根据协议的规定，矿主把钻石交给了韦纳和贝特，钻石价值5万英镑，这颗钻石不仅是当时世界上已发现的最大钻石，而且也是1颗优质的钻石。钻石的形态，一端是平的，另一端是隆起的，类似于粗糙的小面包。钻石的颜色是白色的，但是在日光或含有紫外线的灯光照射下，常显示出蓝色荧光，使它表面看起来常呈"蓝白色"，这是亚格斯丰坦钻石矿所产钻石的典型特征，在钻石贸易中常被称为"亚格钻（Jagers）"。在英国的钻石颜色分级体系中，"亚格钻"是指颜色级别最高的钻石。

韦纳和贝特很幸运地得到了当时世界上最大、最优质的钻石，但是他们也面临着一个新的问题，即当时世界上无人可以买得起这颗钻石。虽然波斯的国王和印度的土邦主，均表示出极大购买兴趣，但是，却始终未能成交。钻石只能躺在保险柜中，静候着买主的到来。1903年，这颗钻石的拥有者认为，以原石的形式将很难卖出这颗特大钻石。因此，决定对这颗钻石进行切磨后，再寻求买主。当时，荷兰的阿姆斯特丹是世界钻石的切磨中心，而阿斯恰兄弟公司在钻石业内久负盛名，所以钻石的拥有者选定，由该公司负责切磨这颗钻石。

4. 高贵无比钻石的切磨

具体的钻石切磨工作，由亚伯拉罕·阿斯恰（Abraham Asscher，1880—1950）和亨利·考（Henry Koe）负责。两人分工明确，其中阿斯恰负责劈割，而亨利·考负责打磨抛光。经过多次仔细的研究后，计划将钻石劈成10块毛坯，阿斯恰根据研究结果，在钻石上用传统的墨水笔做了记号，对钻石进行了劈割，其中最大的3块毛坯，分别重158ct、147ct和130ct。后续的打磨由亨利·考负责，钻石共计切磨成21颗成品钻石，其中最大的11颗钻石，分别被命名为高贵无比 I 号至高贵无比 XI 号，见表5-4。所得成品钻石总重为373.75ct，成材率约37.56%。

表5-4　高贵无比钻石切磨的11颗大颗粒成品钻一览表

名称	重量/ct	琢型	名称	重量/ct	琢型
高贵无比 I 号	69.68	梨型	高贵无比 VII 号	26.30	橄榄型
高贵无比 II 号	47.03	梨型	高贵无比 VIII 号	24.31	梨型
高贵无比 III 号	46.90	梨型	高贵无比 IX 号	16.78	梨型
高贵无比 IV 号	40.23	橄榄型	高贵无比 X 号	13.86	梨型
高贵无比 V 号	34.91	梨型	高贵无比 XI 号	9.82	梨型
高贵无比 VI 号	28.61	橄榄型			

　　由于没有买主的缘故，高贵无比钻石没有考虑设计切磨出尽可能大的钻石，失去了特大钻石稀有性、独特性和唯一性的特点，这是一件十分遗憾的事情。据资料报道，从高贵无比钻石上切磨下来的钻石，其中3颗进入了纽约著名的珠宝商蒂芙尼之手。1939年，纽约世界博览会上，戴比尔斯公司展示了从高贵无比钻石上，切磨下来的1颗橄榄型钻石。其他的则由匿名的收藏者所收藏。其中，高贵无比 I 号钻石，曾于1991年5月15日，在瑞士日内瓦的苏富比拍卖行拍卖，GIA评定的钻石颜色等级为G色，净度等级为VS$_2$。1996年5月，这颗钻石再

图5-11　高贵无比 I 号钻石

次出现在拍卖市场上，罗伯特·懋琬（Robert Mouawad）❶以264.2万美元的价格，买下了这颗钻石（图5-11）。现作为他的个人收藏品，收藏在位于黎巴嫩首都贝鲁特的钻石博物馆内。

（三）绝无仅有的金色五十周年纪念钻石

金色五十周年纪念（Golden Jubilee）钻石，1985年，发现于南非著名的普列米尔钻石矿，原石重755ct。

戴比尔斯公司邀请世界著名的钻石切磨大师——高伯利·托克瓦斯基（Gabriel Tolkowsky），主持该钻石的切磨工作。经过反复研究，高伯利将钻石设计为火玫瑰垫型，并于1988年5月24日开始切磨，整个切磨工作历时2年。切磨后的钻石重量达545.67ct，这是目前世界上最大的刻面钻石（图5-12）。

图5-12　金色五十周年纪念钻石

1995年2月，在泰国举办的珠宝展上，戴比尔斯公司展出了这颗巨大的刻面钻石。巧合的是，1995年12月3日是泰国国王——普密蓬·阿杜德（Bhumibol Adulyadej）加冕50周年纪念日，许多泰国国民和国会议员们看到这颗钻石后，认为这颗钻石是送给国王纪念加冕50周年最好的礼物。因此，经过慎重考虑，买下了这颗钻石，并将钻石命名为"金色五十周年纪念"，并于同年12月举行的泰王加冕50周年纪念活动中，呈献给了泰国国王，现为泰国王室珠宝。

---

❶ 罗伯特·懋琬，国际著名珠宝钻石收藏家、珠宝商人。

（四）独步天下的琼克尔钻石

1. 琼克尔钻石的发现与交易

琼克尔（Jonker）钻石，1934年发现于距普列米尔钻石矿约5km的雅各布·琼克尔（Jacobus Jonker）所属的庄园内。多年来，庄园主琼克尔以自己的庄园作为寻找钻石的基地，花费了很多时间，却乐此不疲。日复一日地在自己的庄园内寻找钻石，但所获甚少。时来运转，1934年1月，琼克尔终于在自己的庄园内发现了1颗特大钻石，重726.00ct，并以自己的名字命名（图5-13、图5-14）。钻石似普通鸡蛋大小，洁白无瑕，是1颗高质量的钻石。

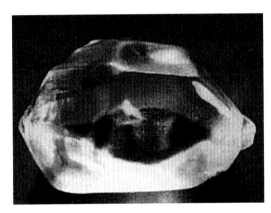

图5-13 琼克尔钻石

图5-14 美国著名电影明星秀兰·邓波尔手持琼克尔钻石

琼克尔以31.5万美元的价格，把钻石卖给了位于约翰内斯堡的钻石公司，为掩人耳目，钻石用一个普通邮包（邮费相当于0.64美元）寄往伦敦。当邮包还在途中时，消息灵通的美国著名珠宝商哈里·温斯顿，就已赶到伦敦，在对钻石进行了仔细观察和详细研究后，便以70万美元的价格买下了这颗钻石。

2. 琼克尔钻石的切磨

1936年，温斯顿把钻石交给了拉扎尔·卡帕兰（Lazare Kaplan），他是标准圆钻型琢型的发明者——曼塞尔·托克瓦斯基（Marcel Tolkowsky）的堂兄，1903年在比利时的安特卫普创建了拉扎尔·卡帕兰钻石公司，专门从事钻石切磨工作，此后随着业务的增加，又在美国纽约开设了钻石切磨公司。这是卡帕兰职业生涯里所遇到的最大的钻石，切磨这样1颗特大的钻石对他来说，也是一个严峻的挑战。为此，他花费了几个月的时间，仔细地观察和检查这颗钻石的内部和外部特征，并且做了几个类似的钻石模型，用于模拟实验研究。在进行了详尽的准备后，于1936年4月27日开始了切磨。首先，从原石上切下1块重35.82ct的毛坯钻石，并把它加工成1颗重15.77ct，呈橄榄型琢型的成品钻。此后，又相继从原石上，取出了12块毛坯钻石，切磨成成品钻石。琼克尔钻石共被切磨成13颗无瑕钻石，其中11颗为祖母绿型，1颗为橄榄型，1颗为垫型，成品钻石的总重量为376.08ct，成材率高达51.80%，见表5-5。

表5-5 琼克尔钻石切磨的成品钻一览表

编号	毛坯重量 /ct	估计切磨重量 /ct	切磨后实际重量 /ct	琢型	重量排名
1	35.82	17	15.77	橄榄型	Ⅷ
2	79.65	42	41.29	祖母绿型	Ⅱ
3	43.30	20	19.76	祖母绿型	Ⅶ
4	54.19	30	25.78	祖母绿型	Ⅴ
5	52.77	35	30.71	祖母绿型	Ⅳ
6	65.28	35	35.45	祖母绿型	Ⅲ
7	13.57	6	5.70	祖母绿型	Ⅺ
8	53.95	25	24.91	祖母绿型	Ⅵ
9	10.98	5	5.30	祖母绿型	Ⅻ
10	220.00	150	142.90	祖母绿型	Ⅰ
11	29.46	14	11.43	祖母绿型	Ⅹ
12	27.85	14	13.55	祖母绿型	Ⅸ
13	8.28	4	3.53	垫型	ⅩⅢ

3. 琼克尔成品钻石的交易

切磨后的琼克尔钻石，共获得13颗成品钻石。根据重量的大小，依次被命名为"琼克尔Ⅰ号"至"琼克尔ⅩⅢ号"钻石。其中，最大的"琼克尔Ⅰ号"钻石，呈祖母绿型切工，重142.90ct，共有66个刻面。此后，这颗钻石又被温斯顿重新切磨成1颗带有58个刻面，重125.35ct的祖母绿型钻石。1949年，时任埃及国王法鲁克（Farouk）以信贷方式，以100万美元的价格买下这颗钻石。1952年，法鲁克被推翻后，琼克尔钻石曾一度去向不明。后来有人证实该钻石，以10万美元卖给了尼泊尔的拉特纳王后（Queen Ratna）。1977年，琼克尔Ⅰ号钻石又以225.94万美元的价格，在香港卖给了一名不愿透露姓名的商人。

据报道，印度的土邦主买下了琼克尔V号、琼克尔Ⅶ号和琼克尔Ⅺ号钻石。传闻约翰·洛克菲勒（John D. Rockefeller）买下了琼克尔X号钻石。1975年10月16日，镶嵌琼克尔Ⅳ号钻石的铂金戒指，出现在美国纽约的苏富比拍卖行，并以约27.66万英镑的价格，由南美的收藏家买入。1987年12月，再次在纽约拍卖，成交价为170.5万美元。琼克尔Ⅱ号钻石，1994年5月，在日内瓦的苏富比拍卖行，以197.483万美元拍卖成交。

（五）独一无二的朱碧丽-雷茨钻石

朱碧丽-雷茨（Jubilee-Reitz），是1颗不规则的八面体钻石，原石重650.80ct。1895年，发现于南非金伯利地区的亚格斯丰坦钻石矿，与高贵无比钻石的产地相同。伦敦的钻石辛迪加公司得到这颗钻石后，为了表示对时任奥兰治自治州总统弗朗西斯·威廉·雷茨（Francis William Reitz）的敬意，将其命名为"雷茨钻石"。

1896年，钻石辛迪加公司将这颗钻石，送至荷兰阿姆斯特丹，由一位当时著名的钻石切磨师切磨。切磨的方法比较特别，首先从这颗钻石上切出一块重约40ct的毛坯钻石，然后把它琢磨成1颗13.34ct的成品钻石，被命名为贝阿·杰耶普钻石，该钻石曾闻名一时，曾为葡萄牙国王多姆·卡洛斯一世（Dom Carlos Ⅰ）拥有，他将这颗钻石送给妻子。遗憾的是，至今这颗钻石的下落不明。剩下的钻石毛坯被切磨成1颗呈长角阶梯型钻石，重245.35ct（图5-15）。钻石被命名为朱碧丽（Jubilee），以纪念1897年维多利亚女王继位60周年，钻石共有88个刻面。

图5-15 朱碧丽-雷茨钻石

1900年，伦敦钻石辛迪加公司在巴黎博览会上展出过这颗钻石，当时的估价是700万法郎。此后不久钻石被一印度大亨多拉布吉·塔塔（Dorabji Tata）买下。1937年，这颗钻石进入了法国人保尔·路易·韦尔勒（Paul-Louis Weiller）之手，他经常将朱碧丽钻石借出供展览，如1960年，韦尔勒曾把钻石借给美国华盛顿史密森自然历史博物馆展出。1966年，借给南非约翰内斯堡德比尔斯钻石馆展出。

罗伯特·懋琬是当今朱碧丽-雷茨钻石的拥有者，目前这也是他大量收藏中最大的一颗钻石。他对钻石的颜色分级为E色，接近于无色钻石最高色级D色，净度为VVS$_2$。他曾说："在提到人类为钻石所做努力方面，我的最爱是朱碧丽-雷茨钻石，因为这颗钻石的切割相当出色。"

（六）不可多得的金伯利八面体钻石

金伯利八面体（Kimberley Octahedral）钻石（也称金伯利616钻石，图5-16），1974年发现于南非金伯利地区的杜托斯特潘（Dutoitspan）钻石矿，它是1颗金黄色的彩色钻石。钻石的发现者，名叫阿贝尔·马雷特拉（Abel Maretela）。钻石原石重616ct。这颗钻石也是南非金伯利地区出产的最大颗粒的钻石，晶体形态呈完整的八面体形，故命名为金伯利八面体钻石，又因为它的重量是616ct，所以又称金伯利616钻石。

这颗钻石现陈列于南非金伯利的露天矿山博物馆，由于钻石具有完整的八面体形态，钻石的拥有者决定以钻石原有的形态，收藏在博物馆内供人们观赏。

图5-16 金伯利八面体钻石（金伯利616钻石）

（七）寥若晨星的百年纪念钻石

1. 百年纪念钻石的发现

百年纪念（又名世纪，Centenary）钻石，1986年7月17日，通过X射线选矿仪，发现于南非的普列米尔钻石矿的选矿线上，重599ct。当时只有少数人知道这一重要发现，公司封锁消息，要求知情者一致对外保密。直到1988年5月11日，在戴比尔斯钻石公司百年庆典仪式上，才对外正式公布这一发现成果。钻石的质量极佳，洁白无瑕，略带浅玫瑰色调，异常美观，是难得的稀世珍宝，并命名为"百年纪念"钻石。

2. 百年纪念钻石的切磨

原石形状似不规则的带棱角的火柴盒，戴比尔斯钻石公司邀请世界上最著名的钻石切磨大师高伯利·托克瓦斯基进行评估和切磨。他是现代标准圆钻型琢型的发明者，曼塞尔·托克瓦斯基的侄子。

当他第一次看到这颗钻石时，对钻石的洁净度，感到十分惊讶，认为这是他曾经看到过的最洁净的钻石。为了切磨这颗钻石，戴比尔斯公司组织了一个资深钻石切磨师团队，并在南非约翰内斯堡戴比尔斯钻石实验室的地下室，专门建了一个"工作间"。切磨这颗钻石的第一步，是除去从钻石表面连通到钻石内部的一些大的裂隙。为此，他选用了传统的手工锯切的工艺方法，以避免用激光锯切工艺，所产生的热量和振动。完成这项工作，总共花费了154天的时间，从原石上去除了约50ct的重量。在余下的原石上，他共设计了13种不同的琢型方案，提交给戴比尔斯公司的董事会讨论决定，最终选定了改良的心型琢型方案。方案选定后，真正切磨世纪钻石，始于1990年3月，完成于1991年1月，总共花费了约10个月的时间。

钻石切磨后的重量为273.85ct，大小为39.90mm×50.50mm×24.55mm，共有247个刻面，其中钻石冠部有75个刻面，亭部有89个刻面，腰部有83个刻面（图5-17）。在1颗钻石上，切磨出这么多的刻面，在钻石切磨的历史上也是第一次。此外，还从原石上切磨出2颗梨型无瑕的钻石，分别重1.47ct和1.14ct。目前，这颗著名钻石由戴比尔斯钻石公司收藏，估计价值1亿美元。

图5-17 世纪钻石

（八）不同凡响的库里南遗产钻石

库里南遗产（Cullinan Heritage）钻石，2009年9月24日，由南非佩特拉钻石公司（Petra Diamonds）发现于所属的佩特拉钻石矿（Petra Mine）❶。原石重507ct，这是1颗颜色和净度俱佳的钻石（图5-18）。因为每年的9月24日是南非设定的国家遗产日（Heritage Day），而钻石又发现于曾经出产库里南钻石的矿山，故而命名为库里南遗产钻石。

图5-18 库里南遗产钻石原石

2010年2月26日，总部位于香港的周大福珠宝金行有限公司，成功地以3530万美元（约合2.75亿港元）的价格竞得这颗原石。对于成功竞得优质大颗粒钻石，时任周大福集团董事局主席郑裕彤先生十分欣喜地说："周大福珠宝购入

❶ 佩特拉钻石矿，即普列米尔钻石矿和库里南钻石矿。2003年11月，戴比尔斯公司将盛产大钻石的普列米尔矿更名为库里南钻石矿。2008年7月，佩特拉钻石公司以10亿兰特（南非货币名）的价格，从戴比尔斯矿业公司买下了库里南钻石矿，并且更名为佩特拉钻石矿。

如此高质量的钻石，是源于一份不断追求完美，为顾客提供高品质产品的热诚"。库里南遗产钻石原石经过3年时间的切割、打磨，共切磨出24颗成品钻石，包括圆钻型3颗、橄榄型9颗、梨型7颗、心型3颗、祖母绿型1颗和椭圆型1颗（图5-19），全部钻石的色级均为D色，净度为内部无瑕级（IF）。其中，最大的1颗圆钻型钻石，重达104ct（图5-20）。

图5-19 库里南遗产钻石切磨而成的24颗成品钻石   图5-20 重达104ct的圆钻型钻石

从库里南遗产钻石原石上切磨出的24颗钻石，周大福决定将这些钻石，用于创作一件珠宝艺术珍品。并委托享誉国际的香港珠宝艺术家陈世英（Wallace Chan）先生创作，并于2015年9月3日，香港周大福珠宝集团有限公司成立86周年之际，隆重推出集当代珠宝创意及工艺水平的杰作——《裕世钻芳华》（图5-21）。由同一颗钻石原石上切磨而成的钻石，创作成单件珠宝艺术品，堪称珠宝首饰史上的创举。周大福珠宝集团主席郑家纯博士表示：这件作品展现了周大福对中国文化的推崇及对艺术的热忱，并且彰显周大福钻石专家的地位。这件价值永恒的稀世珠宝艺术珍品，将会成为流芳百世的周大福传世之宝。

（九）凤毛麟角的巴姆哥尔德 II 号钻石

巴姆哥尔德 II 号（Baumgold II）钻石，1941年发现于南非金伯利钻石矿，原石重490ct，呈香槟色（Champagne-Colored），最初钻石被切割成重量70ct，琢型为阶梯型的高净度钻石。1958年，巴姆哥尔德 II 号钻石的拥有者，纽约的巴姆哥尔德兄弟公司（Baumgold Bros）再次切割，以追求最佳的切割比

图5-21 珠宝艺术珍品——《裕世钻芳华》

例和更加明亮的火彩，最终成为现在的重55.09ct，祖母绿型香槟色钻石（图5-22）。1971年，巴姆哥尔德兄弟公司将其卖给了一个匿名的收藏家。

图5-22 巴姆哥尔德Ⅱ号钻石

（十）扑朔迷离的雅各布-维多利亚钻石

1. 雅各布-维多利亚钻石的发现

雅各布-维多利亚（Jacob-Victoria）钻石，又名维多利亚1884（Victoria 1884）钻石，1884年发现于南非。关于这颗钻石发现的矿山，存在着两种不同的认识。一种认为钻石发现于南非金伯利的戴比尔斯钻石矿，另一种则认为钻石发现于金伯利的亚格斯丰坦钻石矿。钻石原石重为457.50ct，晶体完整，呈八面体形态，颜色为蓝白色，纯洁无瑕，透明如水，钻石质量极佳，钻石被命名为"维多利亚1884"。

2. 雅各布-维多利亚钻石的切磨

钻石的拥有者决定，将钻石送往著名的荷兰阿姆斯特丹的雅克·梅兹（Jacques Metz）公司进行切磨，由熟练的切磨师M. B.巴伦德（M. B. Barends）具体负责。为此，他还专门建立了一个"工作间"。首先，他从钻石的原石上切出一块毛坯钻石，并且把它切磨成1颗19ct的明亮型成品钻石。钻石的拥有者将这颗钻石卖给了葡萄牙国王。

1887年4月9日，在荷兰威廉三世（William Ⅲ）国王的王后艾玛（Emma）面前，开始切磨余下的毛坯钻石，总共花费了约1年的时间。最终，这颗原石被切磨成椭圆型琢型，共琢有58个刻面，重量为184.50ct，钻石长39.50mm、宽29.25mm、厚22.50mm，颜色和净度极佳，钻石可以发出带蓝色调的荧光（图5-23）。

图5-23 雅各布–维多利亚钻石

3. 雅各布–维多利亚钻石的交易

切磨完成后，钻石拥有者开始寻找买主，报价为30万英镑。很快就收到了来自印度西姆拉（Simla）的珠宝和古董商人亚历山大·马尔科姆·雅各布（Alexander Malcolm Jacob）的信息，印度第六代海得拉巴君主马哈布·阿里·克汗（Mahbub Ali Khan）有兴趣，依上述报价购买这颗钻石。经过多次的议价，雅各布收到了海得拉巴君主的15万英镑，作为购买这颗钻石的预付款。雅各布亲自将钻石送达君主之手，君主答应尽快付清余款。而同时居住在海得拉巴的英国居民知道了这样的交易后，迅速行动起来加以阻止，以避免海得拉巴政府的破产。无奈，雅各布只能通过法律诉讼，以追讨余款。最终，双方达成庭外和解，海得拉巴的君主和商人雅各布，各获得一半钻石的拥有权。因此，这颗钻石又称之为雅各布–维多利亚钻石。

直到1970年，海得拉巴君主的后人，拟通过拍卖的方式，出售包括雅各布–维多利亚钻石在内的珠宝收藏品，但被印度高等法院制止。后经一系列的谈判和诉讼，1993年，印度政府决定以国家收藏品的形式，买入所有海得拉巴君主遗存的珠宝收藏品，共计173件。经过双方的讨价还价，印度政府最终以约合7000万美元的价格买下了这些收藏品，而其中的雅各布–维多利亚钻石，约合1300万美元。

目前，雅各布–维多利亚钻石，据估价约合7000万美元。

（十一）璀璨夺目的戴比尔斯钻石

戴比尔斯（De Beers）钻石，发现于南非金伯利地区的戴比尔斯钻石矿。是戴比尔斯联合矿业公司，于1888年3月成立后不久发现的，这是1颗巨大的八面体形金黄色钻石。钻石原石重428.5ct，最长轴径方向，长约47.6mm，也是当时金伯利地区发现的最大钻石。钻石送往当时的钻石切磨中心荷兰的阿姆斯特丹切磨，切磨后的重量为234.65ct（图5-24）。切磨后的钻石，曾于1889年在巴黎博览会上展出。

图5-24 戴比尔斯钻石图

展览后的戴比尔斯钻石，被印度土邦——帕蒂亚拉邦（Patiala，旧时印度北部的邦，1956年后成为旁遮普邦的一部分）的土邦主买入，1928年，卡地亚公司为土邦主布平达尔·辛格（Bhupindar Singh）定制了一款豪华璀璨的巨型项链，将戴比尔斯钻石作为这条钻石项链的项链坠，该项链就是历史上赫赫有名的帕蒂亚拉项链（Patiala Necklace，图5-25）。据资料记载，这条项链共镶有2930颗钻石，总重962.25ct，共有5条镶钻白金链组成，项链的设计非常考究

图5-25 帕蒂亚拉项链复制品

（下部的黄色钻石为德比尔斯钻石复制品）

华丽，而又充满了神秘的艺术感。镶嵌在中央的7颗大钻石，重量分别为18ct至73ct不等。此外，项链还镶嵌了1颗18ct的浅咖啡色钻石和2颗总重29.58ct的红宝石，使整条项链更加璀璨夺目，光彩四溢。

土邦主死后，帕蒂亚拉项链几经辗转，1947年，它似乎突然从人间蒸发，杳无音讯，再也没有人见过它的"踪影"。直到半个世纪后的1998年，它再次现身于伦敦的一家二手珠宝店，令人扼腕叹息的是，此时的帕蒂亚拉项链已经是面目全非。项链本身已部分损坏，镶嵌在项链上的戴比尔斯钻石"不翼而飞"，镶嵌在中央的7颗大钻石，也不见了踪影，仅剩5条镶钻的白金项链。卡地亚的首饰制作工艺大师们看到后，个个心痛不已。

由于丢失的钻石和宝石，再也难以找回。卡地亚的首饰制作大师，只能用立方氧化锆和合成红宝石，代替帕蒂亚拉项链上已经丢失的7颗大钻石和红宝石，而用作项链坠的戴比尔斯钻石也只能是用立方氧化锆替代。然后，卡地亚以其卓越的工艺技术，花费了4年的时间，成功地仿效了20世纪20年代末期工匠的精湛工艺与风格，再次将精美绝伦的"艺术品"重新展现于世人面前。然而，复原后的帕蒂亚拉项链，却难以和镶嵌有顶级钻石的光彩夺目的原项链相媲美，人们只有耐心地去等待那些已经丢失的珍宝"物归原主"，到那时帕蒂亚拉或将再现辉煌。

1982年5月6日，戴比尔斯钻石出现在了瑞士日内瓦的苏富比拍卖行，并以316万美元的价格拍卖成交。

（十二）当世无双的尼尔考斯钻石

1. 尼尔考斯钻石的发现与交易

尼尔考斯（Niarchos）钻石，1954年5月22日，发现于南非德兰士瓦的普列米尔钻石矿，原石重426.50ct，内部无瑕，原石的大小为51mm×25mm×19mm，时任戴比尔斯公司董事会主席厄内斯特·奥本海默爵士，仔细观察这颗钻石后认为，这是他曾经见过的最好颜色的钻石。钻石的名称是根据希腊船王尼尔考斯·斯塔洛斯·斯皮洛斯（Niarchos Stavros Spyros）的名字命名的，他是一个艺术品收藏家和投资者。

钻石送到了伦敦，1956年1月，由戴比尔斯公司下属的钻石贸易公司（Diamond Trading Company，DTC）卖给了美国著名珠宝商哈里·温斯顿，售价为300万英镑，这也是DTC通过谈判交易的最大钻石。哈里·温斯顿用普通挂号邮件，花费1.75英镑，把钻石从伦敦寄到了纽约。

2. 尼尔考斯钻石的切磨

下一步要考虑的问题是如何切磨这颗大钻石，哈里·温斯顿与他的切磨钻石团队，经过几个星期的研究和讨论，决定将这颗原石切割成1颗尽可能大的钻石，并认为大钻石的历史价值是无可比拟的，比切磨出几颗较小的易出售的钻石，更有意义。

哈里·温斯顿委托他的首席钻石切磨师伯纳德·德·哈安（Bernard de Haan），全权负责这颗钻石的切磨工作。哈安来自荷兰阿姆斯特丹的钻石切磨世家，手艺精湛。他花费了较长的时间，潜心研究，制订各种切磨方案，并做了几个铅制的原石和设想中的成品模型，然后才开始正式的切磨工作。首先，他花费了5周的时间，沿着钻石的解理从原石上切下了一块重70ct的钻石毛坯，并把它切磨成了1颗完美的橄榄型琢型的成品钻石，重27.62ct。其次，他又花费了约5周的时间，从钻石原石上再次切下了一块重70ct的钻石毛坯，把它切磨成1颗祖母绿型琢型的成品钻石，重39.99ct。此时，剩下的钻石毛坯重量约为270ct，哈安开始仔细地琢磨这颗相对较大的钻石毛坯，经过58天连续的艰苦工作，1颗明亮的梨型琢型钻石呈现在了人们眼前，重128.25ct，共琢有144个刻面，其中86个刻面在腰部（图5-26）。1957年2月27日，这颗美丽的成品钻石，首次出现在公众面前，切磨师哈安给这颗钻石起了个昵称为"冰王后（Ice Queen）"，他认为如果把这颗钻石放在1桶冰块内，人们将很难找到它，这充分说明了钻石的色级和净度是很高的。1958年4月出版的国家地理杂志，刊载了介绍尼尔考斯钻石以及整个切磨过程的文章。

图5-26 尼尔考斯钻石

希腊船王尼尔考斯·斯塔洛斯·斯皮洛斯，1958年，以200万美元的价格，从哈里·温斯顿手中，买下了这颗钻石，作为礼物送给妻子查洛特·福特（Charlotte Ford）。同时，他也买下了从尼尔考斯原石切磨而来的分别重27.62ct和39.99ct的成品钻石。尼尔考斯十分慷慨，经常将这颗大钻石借出供展览。1966年，尼尔考斯钻石回到了它的出产地——南非，参加了在南非举办的盛况空前的珠宝百年纪念展览。

目前，关于尼尔考斯钻石的下落，没有公开的报道。而源自尼尔考斯原石的重39.99ct的祖母绿型琢型钻石，出现在了1991年的纽约苏富比拍卖行，来自沙特阿拉伯吉达的沙克·艾默德·哈桑·费塔赫（Sheik Ahmed Hassan Fitaihi），以187万美元的价格买下了这颗钻石。GIA对这颗钻石的颜色分级为D色，净度为VVS$_1$级，目前，这颗钻石被称为"冰王后"。

三、博茨瓦纳出产的特大钻石

博茨瓦纳是位于非洲大陆南部的内陆国家，平均海拔约1000m。东接津巴布韦，西连纳米比亚，北邻赞比亚，南接南非。该国西北部为奥卡万戈三角洲沼泽地，东南部和弗朗西斯敦周围是丘陵地带，中部和西南部为喀拉哈里沙漠（约占全国面积2/3），博茨瓦纳总面积为58.173万平方千米。自1967年发现钻石资源以来，开采钻石已成为该国的重要支柱产业。尤其是2012年竣工投产的卡洛韦（Karowe）钻石矿，接二连三地发现大钻石和特大钻石。该国出产的5颗特大钻石，均是近几年发现于卡洛韦钻石矿。

（一）罕见的发现钻石

1. 罕见的发现钻石的命名

罕见的发现（Sewelô）钻石，2019年4月19日发现于博茨瓦纳的卡洛韦钻石矿。钻石重1758ct，大小为83mm×62mm×46mm，颜色很深，似网球状大小（图5-27）。钻石矿山的拥有者加拿大的卢卡拉钻石公司（Lucara Diamond Corp），邀请博茨瓦纳人民参与命名，在总共提交的22000份命名建议中，最终"Sewelô"（在茨瓦纳语中的语意是"罕见的发现"）胜出，并在博茨瓦纳总统在场的命名大会上予以公布。这颗钻石是博茨瓦纳发现的最大钻石，也是已知世界

图5-27 罕见的发现钻石

上发现的第二大钻石，重量仅次于库里南钻石。

2. 罕见的发现钻石的特征和切磨

从外观观察钻石的颜色偏深，但据初步分析这颗钻石是宝石级的，内含高质量的白色钻石，对于这颗钻石的仔细研究将持续一段时间。钻石的表面覆盖着一层薄薄的碳质，使其表面呈现黑色，而钻石内部的颜色和净度仍然充满着变数。

世界著名的奢侈品公司路易威登（Louis Vuitton）宣布与卢卡拉公司和比利时安特卫普的钻石制造商HB公司合作，将罕见的发现钻石切割和抛光成为宝石级钻石，这颗钻石的"全部潜力"只有在经过抛光后才会显示。这也正是路易威登敢于冒险和富于创造力的表现，这颗钻石是极度罕见、非常规和富有挑战性的、非凡的钻石。

路易威登正与来自安特卫普的钻石制造商密切合作，详细研究钻石的细节，并且利用最新的扫描和成像技术来评估这颗钻石的最终切割方案，以便形成最大的产量和最佳切割质量的抛光钻石。切磨的第一步是在钻石上切磨出一个窗口，以便可以观察到钻石的内部特征，设计切磨出的钻石琢型、大小和颜色系列。钻石切割是一种古老的，接近神秘的艺术和科技、专业知识和直觉的融合。先进的尖端技术，将从初始扫描和设计，直到切割和抛光的整个过程中，发挥至关重要的作用，这估计需要一年的时间才能完成。

（二）吾辈之光钻石

1. 吾辈之光钻石的发现

吾辈之光（Lesedi La Rona）钻石，2015年11月，发现于博茨瓦纳的卡洛韦钻石矿，重达1109ct，总部位于加拿大的卢卡拉钻石公司拥有这颗钻石的所有权。

钻石的大小为65mm×56mm×40mm（图5-28），晶莹剔透的钻石外观如一个网球般大小。这是继库里南钻石之后，一个多世纪以来首次发现的超过1000ct的特大钻石，钻石分析师估价，其价值高达数千万美元。"Lesedi La Rona"在茨瓦纳语中，意指"吾辈之光"，寓意为"钻石是博茨瓦纳的骄傲、光明和希望"。

图5-28　吾辈之光钻石

2017年，英国著名的珠宝商劳伦斯·格拉夫（Laurence Graff）先生，花费5300万美元巨资，买下这颗钻石原石。他表示："我们非常高兴和荣幸能负责守护这颗不同凡响的钻石。我们的资深工匠将会运用打磨经典美钻的多年经验，全力以赴用心雕琢这份大自然的珍贵赠礼。这颗原石会向我们娓娓道出自己的故事，揭示最佳的切割方法，而我们会尊重它的天赋特质。今天是我事业上的一大里程碑，我有幸能获得宝贵的机会，展现'Lesedi La Rona'的无匹美态。"

2. 吾辈之光钻石的切磨

经过宝石学家和钻石切磨团队的认真仔细研究、分析、切割和抛光，共计耗时18个月，在计算机模拟切割的基础上，从这颗特大钻石的原石，切磨出1颗大钻石和66颗成品钻。

其中最大的一颗命名为"格拉夫·吾辈之光（Graff Lesedi La Rona）"钻石（图5-29），重量达302.37ct，切工为方形祖母绿琢型，这也是目前世界上最大的这种琢型的钻石。美国宝石学院（GIA）给予钻石的颜色等级是D色，净度极高且具有极好的抛光度和对称性。

每颗从吾辈之光钻石原石上切磨出的成品钻，均经过GIA的检测和分级，颜色等级均为D色。每颗钻石在腰棱部位，都用激光刻有"Graff""Lesedi La

Rona"字样及其专属的GIA编号（图5-30）。

Graff字印

Lesedi La Rona字印

图5-29 格拉夫·吾辈之光钻石　　图5-30 腰棱刻有字印的成品钻石

（三）星座钻石

1. 星座钻石的发现和拥有者

星座（Constellation）钻石，2015年11月发现于博茨瓦纳的卡洛韦钻石矿，重达813ct，宽达60mm，钻石颜色、净度俱佳（图5-31）。2016年5月，经过激烈拍卖竞价，以6300万美元被瑞士的德·格里斯可诺（De Grisogono）公司与阿联酋迪拜钻石贸易公司（Nemesis International）合作竞得。每克拉价格约77613美元，是有史以来最贵的毛坯钻石。

2. 星座钻石的切磨

德·格里斯可诺公司创办人兼董事局成员法瓦兹·古沃西（Fawaz Gruosi）表示："与星座钻石邂逅是毕生难求，令我无比兴奋。身为珠宝设计师，我绝对不

图5-31 星座钻石

能辜负这颗名钻与努力竞得宝石的团队同事，可以将自己的创意技巧融入钻石切割及镶嵌是莫大荣幸，我已经急不可待地想马上开始创作。"

德·格里斯可诺公司购入这颗钻石，可以有助于加强推广销售顶级钻石之优势，搜罗世上珍贵宝石、创作珠宝杰作的决心，并以此展示其品牌形象。公司可以直接参与这颗珍贵钻石的切磨过程，结合其独有创意及精湛工艺，为客人制作可遇不可求的稀世奇珍。

星座钻石的切磨工作，在Nemesis的关联公司Almas Diamond Services完成，共历时18个月。从这颗钻石原石中共切磨出了8颗成品钻石，其中最大的1颗重达313ct（图5-32），呈D色，净度为VVS$_1$。排名第二的钻石，重量也达到了102ct。

图5-32 源自星座钻石的313ct成品钻

（四）尚未命名的特大钻石

这颗尚未命名的特大钻石，2020年发现于博茨瓦纳西北部卡洛韦钻石矿，重量为549ct（图5-33），洁净的白色钻石。这是近年来，卡洛韦钻石矿，继发现"罕见的发现""吾辈之光"和"星座"钻石之后的第四颗特大钻石。矿山的拥有者加拿大卢卡拉钻石公司表示，将在适当时候出售这颗钻石。

图5-33 未命名特大钻石（549ct）

（五）神秘的未命名特大钻石

这颗神秘的未命名特大钻石，2018年4月发现于博茨瓦纳西北卡洛韦钻石矿，重量为472ct（图5-34）。钻石的拥有者加拿大卢卡拉钻石公司的高管们，描述钻石的颜色为"顶级淡褐色"。这是卡洛韦钻石矿出产的排名第五的特大钻石。

图5-34 未命名大钻石（472ct）

四、塞拉利昂出产的特大钻石

塞拉利昂位于非洲西部，北、东北与几内亚接壤，东南与利比里亚交界，西、西南濒临大西洋。海岸线长约485km，国土面积7.174万平方千米。钻石是塞拉利昂的重要矿产资源，该国发现的特大钻石共有7颗，下面着重介绍该国出产的有代表性的特大钻石。

（一）塞拉利昂之星钻石

1. 塞拉利昂之星钻石的发现

塞拉利昂之星（Star of Sierra Leone）钻石，1972年2月14日，由塞拉利昂人威廉姆斯（E. O. Williams）发现于该国东部省科诺（Kono）地区科衣度（Koidu）镇迭明戈（Diminco）的冲积砂矿中。这颗钻石发现时，是当时世界上已知产出的第三大天然钻石，重达969.80ct（图5-35）。钻石洁净，形状不规则，是1颗Ⅱa型钻石。

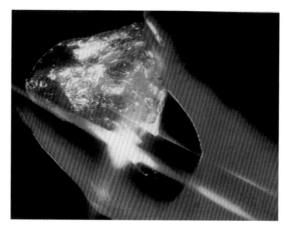

图5-35 塞拉利昂之星钻石

2. 塞拉利昂之星钻石的切磨

　　1972年10月3日，时任塞拉利昂总统西卡·普罗宾·史蒂文斯（Siaka Probyn Stevens）宣布，美国著名的珠宝商哈里·温斯顿以250万美元买下了塞拉利昂之星钻石。钻石最初被切磨出1颗重143.20ct，呈祖母绿型的成品钻石，由于钻石内部含有瑕疵，后又重新进行了切磨。塞拉利昂之星钻石共切磨成17颗成品钻石，其中13颗是完美无瑕的，其中最大的成品钻石，重53.96ct，净度为完美无瑕，切工为梨型。从这颗原石上切磨出的6颗成品钻石，后由哈里·温斯顿镶嵌制作成塞拉利昂之星胸针。

（二）沃耶河钻石

　　沃耶河（Woyie River）钻石，也是产自塞拉利昂的1颗大钻石，颜色洁白，重770.00ct。1945年发现于塞拉利昂沃耶河的砂矿中，这条富含钻石的河流中，还分别产出过2颗分别重532.00ct和249.50ct的钻石，钻石被水流从遥远的原生产地搬运而来，但尚未发现钻石的原生矿产地。沃耶河钻石由伦敦的布里费尔（Briefel）和莱默（Lemer）切磨，共切磨出30颗钻石，其中最大的重31.35ct，呈祖母绿型切工，取名为胜利钻石（Victory Diamond，图5-36）。

　　经美国宝石学院（GIA）评估，这颗钻石的色级为D色，净度为VVS_2。2015年12月在纽约的佳士得（Christie's）拍卖行拍卖，以403.9万美元的价格成交。

顶视图　　　　侧视图

图5-36　胜利钻石

（三）和平钻石

1. 和平钻石的发现

和平（Peace）钻石，2017年3月发现于塞拉利昂东部科诺地区的科亚杜（Koryardu）砂矿中，重量为709.41ct（图5-37）。钻石似鸡蛋大小，由伊曼纽尔·莫莫（Emmanuel Momoh）牧师协助5名采矿工人采得。

图5-37　和平钻石

莫莫牧师表示："和平钻石能大大改善本地人的生活，为我们的村庄和科诺区带来洁净的饮用水、电力、学校、医疗设施、桥梁和道路。……这颗钻石代表我们对美好未来的期盼，让我们能运用塞拉利昂的资源换取社会发展和就业机会。"

2. 和平钻石的拍卖

2017年12月，塞拉利昂政府首次公开拍卖了这颗钻石，共吸引了70余位潜在买家参与，经过7轮竞价，最终被英国珠宝商劳伦斯·格拉夫竞得，成交价为650万美元。其中59%的拍卖所得纳入塞拉利昂国库，用于帮助钻石的出产地完善基础设施建设，为当地居民提供清洁的饮用水和安全的就医环境。此次拍卖将鼓励矿工们把开采的钻石交给政府公开拍卖，而不是进入黑市进行"交易"，"这可能是塞拉利昂新时代的开始"。

竞得钻石的劳伦斯·格拉夫表示："我们十分荣幸能投得这颗不同凡响的钻石，这宗交易将会直接惠及急需援助的塞拉利昂。能够回馈出产这些美钻的地区，可谓别具意义。……我们遇上的每一颗美钻，也体现我们的无比热忱和专业智慧。现在，格拉夫的宝石学家会开始评估钻石，窥探这颗自然奇珍的潜藏美态。"

（四）塞法度钻石

塞法度钻石（Sefadu Diamond），1970年发现于塞拉利昂东部省科诺地区的科衣度镇迭明戈（Diminco）的冲积砂矿中，钻石重620ct。目前，为美国纽约的Lazare Kaplan国际公司所有。

（五）梅亚繁荣钻石

1. 梅亚繁荣钻石的发现

梅亚繁荣（Meya Prosperity）钻石，2017年发现于塞拉利昂东部科诺地区的梅亚矿（Meya Mining），原石重476ct（图5-38）。这颗钻石的发现，为当地开启了光明的未来，将会为国家带来重要的改变和发展机会。

2. 梅亚繁荣钻石的交易

梅亚矿的行政总裁简朱伯特（Jan Joubert）认为："我们很高兴与劳伦斯·格拉夫达成收购'梅亚繁荣'钻石的协议。在他的英明领导下，曾拥有无数

图5-38 梅亚繁荣钻石

珍罕美钻的格拉夫定能完美编写这颗原石的故事。我们的合作伙伴必须了解我们的核心价值和愿景，亦即高透明度、问责和诚信。而格拉夫正是不二人选。"

2017年，劳伦斯·格拉夫买下了"吾辈之光""和平""梅亚繁荣"和1颗373ct的钻石原石。他指出："格拉夫今年买下4颗史上最重要的钻石，我们非常荣幸能负责守护这些罕有的珍宝。现在，格拉夫的专家团队会潜心研究'梅亚繁荣'钻石，致力发掘这颗奇珍的潜力。我们会像处理其他传奇名钻一样，小心思量每一步。我们将会在未来数月决定切割和打磨这些珍贵钻石的方法，令人非常期待。在不久将来，我们会再次向世人展示无与伦比的珍贵美钻。"

（六）扎勒和平之光钻石

1. 扎勒和平之光钻石的发现

扎勒和平之光（Zale Light of Peace）钻石，1969年，发现于塞拉利昂东部的塞瓦（Sewa）河流域，呈碎块状，颜色为浅蓝白色，清澈透明，原石重量为434.60ct。

2. 扎勒和平之光钻石的切磨

1969年，美国得克萨斯州达拉斯的扎勒公司（Zale Corporation），在比利时的安特卫普买入了这颗钻石。

1971年，经过精心设计，在美国纽约切磨。共切磨出13颗成品钻石，总重量为172.46ct，成材率为39.68%。其中，最大一颗成品钻石，重130.27ct，被命名为"扎勒和平之光"（图5-39）。该钻石为梨型琢型，共有111个刻面，呈蓝

图5-39 扎勒和平之光钻石

白色，色级为D—E色，净度为VVS$_1$，堪称稀世珍宝。1980年，扎勒公司将这颗钻石出售给了一个匿名的收藏者。

其他的12颗成品钻石，见表5-6。

表5-6 扎勒和平之光钻石切磨的成品钻一览表

编号	重量 /ct	琢型	编号	重量 /ct	琢型
1	130.27	梨型	8	1.83	梨型
2	9.11	橄榄型	9	1.55	梨型
3	9.04	橄榄型	10	1.51	梨型
4	6.93	圆钻型	11	1.13	梨型
5	3.63	心型	12	0.81	橄榄型
6	3.55	椭圆型	13	0.37	梨型
7	2.73	橄榄型			

五、莱索托出产的特大钻石

莱索托位于非洲南部，是一个山川壮美、风光独特的国家，是世界上唯一的全境海拔都在1500m以上的国家，享有"高山王国"的美誉。国土面积只有3.0344万平方千米，周边全部被南非环绕，是世界上最大的"国中之国"。这个高原内陆国家，有峰峦叠嶂的山峰和一片片绿茵茵的草地，因此也有"非洲瑞士"的美称。

盛产大钻的莱特森钻石矿（Letšeng mine）就位于其北部海拔3200m的莫赫特隆山区，莱特森钻石矿是历史上产量最高的钻石矿之一。该国出产的7颗特大钻石，均产自于莱特森钻石矿，其中有5颗发现于本世纪。

（一）莱索托传奇钻石

莱索托传奇（Lesotho Legend）钻石，2018年1月发现于莱索托的莱特森钻石矿，重达910ct（图5-40）。该钻石原石尺寸接近高尔夫球的大小，是一颗D色、高净度钻石，也是该矿区迄今开采出的最大钻石。这颗钻石在比利时安特卫普被一个匿名的买家以4000万美元的价格买入。

图5-40 莱索托传奇钻石

（二）莱索托诺言钻石

1. 莱索托诺言钻石的发现

莱索托诺言（The Lesotho Promise）钻石，2006年8月22日发现于莱索托的莱特森钻石矿，重603.00ct（图5-41）。时任莱索托自然资源部长说："我们将它命名为'莱索托诺言'，寓意在于向你们承诺，我们会在将来发现同样甚至更好的钻石。"

2. 莱索托诺言钻石的交易与切磨

这颗钻石于2006年10月9日，在比利时安特卫普拍卖，被英国格拉夫钻石公司（Graff Diamonds）持股的南非钻石公司（South Africa Diamond Company，SAFDICO）以1240万美元的价格购得。随后，格拉夫组建了一支35人的切磨团队，在公司首席切割师的指导下，花费5个月的时间，对钻石进行了详细的分析和研究，成功精确地对这颗特大钻石进行了切割及打磨，将这颗钻石原石，切磨成26颗D色无瑕钻石，琢型是7颗梨型、4颗祖母绿型、13颗圆钻型、1颗橄榄型和1颗心型，其中最大的一颗梨型无瑕钻石重为75ct，最小的1颗是重0.55ct的圆钻型钻石。在1颗钻石上能够切磨出26颗D色无瑕钻石，足以可见切磨团队前期设计方案的细致以及精准的切割、打磨技术。最终制成的稀世罕见的命名为"莱索托项链"的一套钻石，总重223.35ct（图5-42）。格拉夫兴奋地说道："这是一个历史性时刻，从来没有一颗钻石能够切割出26颗D色无瑕钻石！"

当时，该钻石项链估价超过5000万美元。

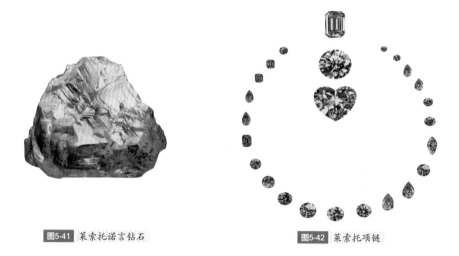

图5-41 莱索托诺言钻石

图5-42 莱索托项链

（三）莱索托布朗钻石

1. 莱索托布朗钻石的发现与交易

莱索托布朗（The Lesotho Brown）钻石，1967年发现于莱索托的莱特森钻石矿，重601.25ct（图5-43）。这颗钻石的发现，揭开了盛产大钻石的莱特森钻石矿发展的序幕。据报道，这颗钻石由厄内斯廷·拉姆博（Ernestine Ramoboa）女士发现，这也是钻石发现史上，由妇女在钻石原生矿中发现的最大钻石。钻石归家庭的四个成员所有，包括她的丈夫佩特鲁斯·拉姆博（Petrus Ramoboa）（图5-44）。为了交易这颗钻石，同时也为了保证钻石的安全，佩特鲁斯决定亲自携带钻石骑着毛驴，前往首都马塞卢，将钻石送到一位可靠的钻石买家手里妥善保管。

图5-43 莱索托布朗钻石

图5-44 手持莱索托布朗钻石的拉姆博夫妇

发现特大钻石的消息不胫而走，很快传遍了首都马塞卢。莱索托政府为此还专门发行了1枚纪念邮票（图5-45），同时出于保护拉姆博一家的利益，专门成立了一个3人委员会负责拍卖这颗钻石。其中著名的荷兰钻石商人尤金·塞拉菲尼（Eugene Serafini）和费梅（J.W.Vermey），以最高的21.3636万兰特，获得了这颗钻石。而这颗钻石的下一个买主，则是大名鼎鼎的美国珠宝商哈里·温斯顿，他花费了64.9万美元，买下了这颗钻石原石。

图5-45　莱索托布朗钻石纪念邮票

2. 莱索托布朗钻石的切磨

1968年美国电视台报道说，哈里·温斯顿购买下了此颗钻石，并将钻石一劈为二。钻石最终被切磨成18颗成品钻石，其中最大的4颗分别重71.73ct、60.67ct、40.42ct和16.35ct，分别被命名为莱索托Ⅰ号（Lesotho Ⅰ）、莱索托Ⅱ号、莱索托Ⅲ号和莱索托Ⅳ号钻石。其中，最大的莱索托Ⅰ号钻石，呈祖母绿型，VVS_2的净度，颜色为略带浅桃红色调的钻石（图5-46）。2008年11月19日，这颗钻石曾出现在日内瓦的苏富比拍卖行拍卖，估价为336万至560万瑞士法郎，但流拍了。

莱索托Ⅲ号钻石，呈橄榄型琢型（图5-47），由哈里·温斯顿镶嵌在1枚铂金戒指上，由希腊船王亚里士多德·奥纳西斯（Aristotle Onassis）买下，送给美国前总统肯尼迪的遗孀杰奎琳·肯尼迪·奥纳西斯（Jacqueline Kennedy Onassis）作为订婚戒指，估价为60万美元。而1996年4月，杰奎琳·肯尼迪的财产拍卖时，这枚钻石戒指的拍卖价，达到了258.75万美元。

图5-46 镶嵌莱索托I号钻石的戒指　　　　图5-47 莱索托Ⅲ号钻石

（四）莱特森之星钻石

莱特森之星（Letšeng Star）钻石，2011年8月发现于莱索托的莱特森钻石矿，原石重550.00ct（图5-48）。钻石为IIa型钻石，颜色为D色，无荧光性，色泽与品质皆完美无瑕。2011年9月，这颗钻石被英国格拉夫钻石公司持股的南非钻石有限公司，以1650万美元价格买入。2013年，将这颗原石切割、打磨成27颗梨型和1颗圆钻型钻石（图5-49），所有钻石的颜色等级均为D色，总重为169.76ct，成材率为30.87%。

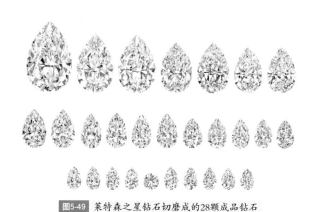

图5-48 莱特森之星钻石　　　　图5-49 莱特森之星钻石切磨成的28颗成品钻石

（五）莱特森遗产钻石

莱特森遗产（Letšeng Legacy）钻石，2007年发现于莱索托的莱特森钻石矿，重493.00ct（图5-50）。其命名也体现出了对莱特森钻石矿，盛产特大钻石的赞誉。该钻石于2007年11月在比利时安特卫普的钻石拍卖会上，以1040万

图5-50　莱特森遗产钻石

美元被英国格拉夫钻石公司控股的南非钻石公司购得。

经过对这颗钻石一年多的仔细观察和研究，格拉夫钻石公司以顶尖的切割、打磨及镶嵌技术，成功地将这颗493ct的原石化身成一套三件，既典雅又高贵的旷世钻石首饰。分别为：1对梨型琢型，共重132.59ct的吊坠耳环（图5-51）；1枚圆钻型钻石作为主石，两侧分别镶嵌梨型钻石为副石，总重量达43.63ct的钻石戒指（图5-52）；1枚用15颗各种不同琢型钻石，镶嵌而成的叶片状钻石胸针，所有钻石总重量达55.61ct（图5-53）。

图5-51　钻石吊坠耳环

图5-52　钻石戒指

图5-53　叶片状钻石胸针

（六）莱特森之光钻石

莱特森之光（Leseli la Letšeng）钻石，2008年9月发现于莱索托的莱特森钻石矿，重478.00ct，D色无瑕钻石（图5-54）。莱特森之光的命名，寓意着钻石不凡的颜色与净度。这颗钻石原石于2008年比利时安特卫普钻石看货会上，以1840万美元被英国著名的格拉夫钻石公司持股的南非钻石公司购得。这颗钻石原

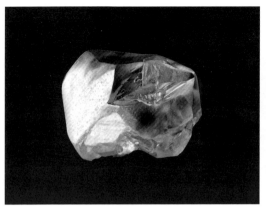

图5-54 莱特森之光钻石

图5-55 格拉夫星座钻石

石被切割、打磨成10颗成品钻石，其中最大的1颗钻石，重量达102.79ct，色级为D色，净度为内部无瑕（IF）的圆钻型钻石，被命名为"格拉夫星座钻石"（The Graff Constellation，图5-55）。还切磨出1颗重达51.20ct的心型D色、无瑕钻石。

六、刚果民主共和国出产的特大钻石

刚果民主共和国［简称刚果（金）］地处非洲中部，东邻乌干达、卢旺达、布隆迪、坦桑尼亚，南接赞比亚、安哥拉，北连南苏丹和中非共和国，西隔刚果河与刚果（布）相望。西部有狭长走廊通大西洋，海岸线长37km。国土面积234.4885万平方千米，刚果（金）矿产资源丰富，是世界上最重要的钻石出产国之一，该国共发现3颗特大钻石。

（一）无名钻石

这是1颗产自刚果民主共和国的特大钻石，重1138ct，大小为62.51mm×47.61mm×45.56mm（图5-56）。这也是由美国宝石学院（GIA）检测过的最大钻石，这颗钻石显示了钻石特征的拉曼光谱，通过配有反射装置的红外显微镜获得了高质量的吸收光谱。可以确定这是1颗ⅠaA钻石，氮浓度高，在长波和短波紫外光照射下，可以发出微弱的蓝色荧光。

图5-56 无名特大钻石（1138ct）

（二）无与伦比钻石

1. 无与伦比钻石的发现

无与伦比（Incomparable）钻石，1984年，由一个小女孩发现于刚果民主共和国的姆布吉马伊（Mbuji Mayi）钻石矿旁的一堆碎石中。钻石原石重890ct，切磨后最大的1颗重407.48ct（图5-57）。

图5-57 无与伦比钻石（原石和最大的成品钻石）

2. 无与伦比钻石的拥有者

戴比尔斯公司的董事兼中央销售组织（CSO，Central Selling Organization）主席菲利浦·奥本海默（Philip Oppenheimer），将钻石卖给了扎勒公司的董事长唐纳德·扎勒（Donald Zale），他与合伙人——纽约钻石业的知名人士马文·萨默埃尔（Marvin Samuel）和路易·格里克（Louis Glick），共同拥有这颗钻石。1984年11月，这颗巨大的钻石在扎勒公司的周年庆典上揭开了神秘的"面纱"，此后又在美国华盛顿史密森自然历史博物馆展出。

3. 无与伦比钻石的切磨

无与伦比钻石的切磨，是在萨默埃尔的监督下完成的。具体的切磨工作则由钻石切磨工匠利奥·温斯（Leo Wins）负责，由于这颗钻石的原石，外形极不规则，颜色分布也很不均匀，在经过了长达4年的研究与切磨后，钻石共被切磨成15颗成品钻石。其中，最大的1颗钻石的切割形状十分独特，称之为特里奥雷特（Triolette）琢型，重407.48ct。命名为"无与伦比"钻石，颜色为金黄色，1988年，GIA将该钻石的净度定为内部无瑕级（IF）。它是目前世界上重量仅次于金色五十周年纪念钻石和库里南Ⅰ号钻石的成品钻石，为世界第三大成品钻石。其它的14颗钻石的颜色变化很大，从近于无色至带有明显的黄褐色。重量分别为15.66ct、6.01ct、5.28ct、4.33ct、3.45ct、3.32ct、3.31ct、2.74ct（2颗）、1.99ct、1.74ct、1.63ct、1.52ct和1.33ct。

4. 无与伦比钻石项链

2013年，在卡塔尔首都多哈举办的珠宝和手表展览会上，著名珠宝商罗伯特·懋琬之子，懋琬家族的第四代掌门人弗雷德·懋琬（Fred Mouawad）携带无与伦比钻石项链首饰惊艳亮相（图5-58）。该钻石项链由91颗钻石组成，用玫瑰

图5-58 无与伦比钻石项链

金镶嵌而成，钻石总重量达637ct，无与伦比钻石作为这条传奇钻石项链的坠饰。

（三）千禧之星钻石

1. 千禧之星钻石的发现

千禧之星（Millennium Star）钻石，1990年，发现于刚果民主共和国的姆布吉马伊钻石矿，重777ct。

2. 千禧之星钻石的切磨

戴比尔斯钻石公司买下这颗巨钻后，组织了一个国际化、资深的切磨团队，切磨团队的成员来自南非、以色列、比利时和美国。在切磨前，对这颗巨钻进行了近6个月的研究，并且制作了很多个与原石形状相同的塑料模型，用于切割过程中的模拟实验，前后共计花费了3年的时间，完成了切磨这颗巨钻的任务。切磨后钻石的重量为203.04ct，呈梨型琢型（图5-59），共计54个刻面，钻石的颜色为D色，净度达到内部无瑕级（IF）。戴比尔斯钻石公司前任主席哈里·奥本海默（Harry Oppenheimer）先生，曾形容这颗钻石，是他所见过的最美的钻石。

图5-59 千禧之星钻石

3. "千禧之钻"钻石展

1999年9月8日，戴比尔斯钻石公司决定在伦敦的"千禧馆"，为一组命名为"千禧之钻"的系列钻石举办一个展览，以迎接新千年的到来。时任戴比尔斯钻石公司主席尼奇·奥本海默（Nicky Oppenheimer，哈里·奥本海默之子）说："'千禧之钻'系列钻石是如此稀有、珍贵，是献给新千年的最好礼物"。

"千禧之星"钻石是这次"千禧之钻"系列钻石展览中，最重要的展品之一，此外，还包括11颗产自南非普列米尔钻石矿，切磨后形状各异，重量为

5.16 ~ 27.64ct的蓝色钻石（图5-60），其中最大的1颗重27.64ct，呈心型琢型，命名为"永恒之心"（Heart of Eternity）。戴比尔斯钻石公司邀请了法国著名电影明星苏菲·玛索（Sophie Marceau）参加了"千禧之钻"的揭幕典礼，当她手持"千禧之星"钻石时，几近晕眩，赞叹道"太美了"。

图5-60 "千禧之钻"系列蓝色钻石

七、其他非洲国家出产的特大钻石

（一）中非共和国出产的特大钻石

德·格里斯可诺精神（Spirit of de Grisogono）钻石，原石重量达587ct，产自中非共和国，辗转进入瑞士。切磨后重312.24ct，是世界上已知切磨得最大的黑色刻面钻石（图5-61）。它镶嵌在白金底座上，同时底座上还镶嵌了702颗白色钻石，共重36.69ct。这件首饰的制作者，是瑞士著名的珠宝和腕表公司德·格里斯可诺（de Grisogono）[1]，也是世界上首创引人注目的黑色钻石首饰和腕表收藏品的珠宝公司。

图5-61 德·格里斯可诺精神黑色钻石

后来采用莫卧尔王朝时期的钻石切割技术，对这颗钻石的原石进行了切磨，许多印度产的具有历史意义的钻石，都被切磨成这种形状。从开始研究切工设计，到正式开始对原石进行切割，花费了一年多时间。在瑞士古柏林宝石实验室（Gubelin Gem Lab）对这颗黑色钻石出具的鉴定报告中，德·格里斯可诺精神黑色钻石被描述为：鉴于它的巨大尺寸，它是这种类型钻石当中的一件稀有标本。它也是古柏林宝石实验室曾经鉴定过的最大的天然黑色钻石。据报道，这件首饰被出售给了一名收藏者。

（二）安哥拉出产的特大钻石

4-德·法弗埃罗（4 de Fevereiro）钻石，2016年2月初发现于安哥拉南伦达省的卢洛（Lulo）钻石矿，也是安哥拉历史上发现的最大无色钻石，钻石重404.2ct（图5-62）。同年3月，瑞士德·格里斯可诺公司，以1600万美元购入

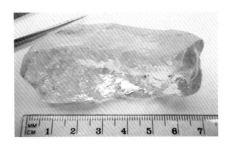

图5-62 4-德·法弗埃罗钻石（一）

[1] 德·格里斯可诺，瑞士著名的腕表和珠宝公司，1993年，由法瓦兹·古沃西创建，总部位于日内瓦。

这颗原石，并将其送往美国进行切割。

　　经过11个月的研究和评估，这颗钻石最终被切割为1颗163.41ct的祖母绿型钻石（图5-63），经GIA鉴定为IIa型钻石，颜色为D色和完美无瑕（FL）级净度。

　　德·格里斯可诺为这颗钻石特别设计了一条不对称的白金项链，名为德·格里斯可诺的艺术（The Art of de Grisogono）。该项链上的挂坠，即为163.41ct祖母绿型钻石，钻石由四爪镶嵌，每一枚镶爪上都镶嵌一颗长阶梯型钻石，让主石的火彩更生动明亮；项链一侧由18颗大小渐次的长阶梯型钻石连缀而成，另一侧垂落着66颗水滴型祖母绿，与主钻石形成鲜明对比（图5-64）。

　　值得一提的是，挂坠背面还隐藏有一个可拆卸结构，可将163.41ct钻石取下搭配手镯、头冠或胸针佩戴。整件作品的制作耗时长达1700个小时。

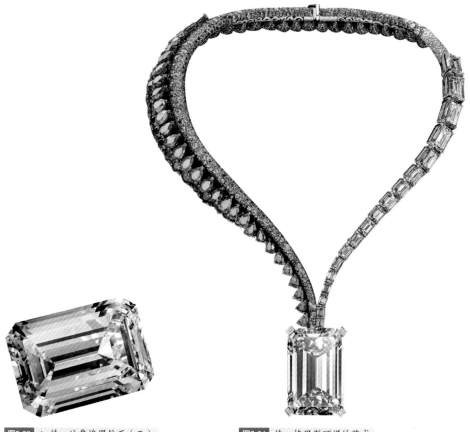

图5-63　4-德·法弗埃罗钻石（二）　　　图5-64　德·格里斯可诺的艺术

八、巴西出产的特大钻石

巴西是南美洲最大的国家，与乌拉圭、阿根廷、巴拉圭、玻利维亚、秘鲁、哥伦比亚、委内瑞拉、圭亚那、苏里南、法属圭亚那十国接壤。国土总面积851.49万平方千米，居世界第五位。巴西矿产资源丰富，素有"彩色宝石之乡"的美誉。当然，巴西也是世界上最早发现钻石的国家之一，18世纪30年代，继印度之后巴西成为世界钻石的主要出产国，巴西的钻石分布非常广泛，在砂矿中共发现有9颗特大钻石。下面就对有代表性的钻石作一简要介绍。

（一）瓦加斯总统钻石

1. 瓦加斯总统钻石的发现

瓦加斯总统（President Vargas）钻石，原石大小约为56mm×51mm×24mm，重726.60ct。1938年8月13日，发现于巴西的米纳斯吉拉斯州科罗曼德尔区（Coromandel）的圣安东尼奥河（San Antonio）。由乔奎依姆·维纳西奥·堤亚戈（Joaquim Venancio Tiago）和马奴埃尔·米古埃尔·多明戈斯（Manoel Miguel Domingues）在河床上发现，这是迄今为止巴西发现的最大钻石。钻石的名称，是根据时任巴西总统盖图里奥·多内莱斯·瓦加斯（Getulio Dornelles Vargas）的名字命名的。

2. 瓦加斯总统钻石原石的交易

钻石的发现者急于出售这颗钻石，他们以5.6万美元的价格卖给钻石经纪人，而经纪人转手以23.5万美元的价格，卖出了这颗钻石。最终，位于荷兰阿姆斯特丹的荷兰联合银行（Dutch Union Bank）买下了这颗钻石。钻石被带到了荷兰，并保存在荷兰联合银行的保险库中。美国著名珠宝商哈里·温斯顿得知这一消息后，迅速赶到了阿姆斯特丹与钻石的拥有者展开谈判，并且买下了钻石。在英国劳埃德（Lloyds）保险公司，给钻石上了75万美元的保险，用普通挂号邮件，花费75美分的邮费，将钻石邮寄至位于纽约的公司总部。

3. 瓦加斯总统钻石的切磨

哈里·温斯顿成了这颗钻石的新主人后，组织了专门的钻石切磨团队，花费了几个月的时间，对钻石进行了详细的研究，决定将原石劈开成多块，以获得高质量的成品钻石。钻石的切磨工作始于1941年，首先从原石上锯出一颗20ct的钻石毛坯，并把它加工成1颗重10.05ct的高质量梨型琢型的钻石。最终，这颗钻石被切磨成29颗成品钻，其中16颗为祖母绿型琢型，10颗为三角型琢型，梨型、橄榄型、垫型琢型各1颗。成品钻石的总重量为411.06ct，钻石的成材率为56.57%。其中最大的1颗重48.26ct，呈祖母绿型琢型，仍被命名为"瓦加斯总统"钻石。

4. 瓦加斯总统钻石原石切磨后的交易

1944年，哈里·温斯顿将瓦加斯总统钻石出售给了美国得克萨斯州沃思堡市的一名富商。后来，于1958年又重新回购，并再次对这颗钻石进行了加工，重量减少到了44.17ct，但钻石的净度提高到了内部无瑕级（IF），并于1961年再次出售给一名匿名的收藏者。目前，这颗钻石则是著名的珠宝商人罗伯特·懋琬的收藏品。他在1989年4月的纽约苏富比拍卖会上，还买下了瓦加斯总统Ⅳ号（President Vargas Ⅳ）钻石，重27.33ct，拍卖价为78.1万美元。而瓦加斯总统Ⅵ号（President Vargas Ⅵ）钻石，重25.4ct，在1992年10月的纽约苏富比拍卖会上，以39.6万美元的价格成交。

（二）巴西出产的其他特大钻石

1. 达茜·瓦加斯钻石

达茜·瓦加斯（Darcy Vargas）钻石，1939年7月8日，发现于巴西米纳斯吉拉斯州科罗曼德尔区的圣安东尼奥河，与瓦加斯总统钻石的发现地，相距仅2km，钻石的名称源自时任总统盖图里奥·多内莱斯·瓦加斯的妻子达茜·瓦加斯（Darcy Vargas）。钻石原石的形状呈不规则状，重455ct，颜色呈褐色。20世纪40年代早期，曾在美国康涅狄格州纽黑文展览过。

2. 夏尔恩卡Ⅰ号钻石

夏尔恩卡Ⅰ号（Charncca Ⅰ）钻石，1940年发现于巴西米纳斯吉拉斯州科罗曼德尔区的圣伊纳西奥（Santo Inacio）河，重量为428ct。

3. 杜特拉总统钻石

杜特拉总统（President Dutra）钻石，1949年，发现于巴西米纳斯吉拉斯州阿巴迪亚（Abadia）区的多拉杜斯（Dourados）河，由当地的一个农夫发现。钻石的名称源自时任巴西总统埃里克·加斯帕·杜特拉（Eurico Gaspar Dutra），原石重407.68ct。钻石被切磨成36颗成品钻石，总重136ct，成材率为33.36%。其中最大的成品钻石重9.60ct，仍称为杜特拉总统钻石，最小的重0.55ct。

4. 科罗曼德尔Ⅵ钻石

科罗曼德尔Ⅵ（Coromandel Ⅵ）钻石，1948年发现于巴西米纳斯吉拉斯州的科罗曼德尔区，重达400.65ct。

九、印度出产的特大钻石

印度位于南亚，是南亚次大陆最大的国家。东北部同孟加拉国、尼泊尔、不丹和中国接壤，东部与缅甸为邻，东南部与斯里兰卡隔海相望，西北部与巴基斯坦交界。印度是世界上出产宝石级钻石最早的国家，许多具有悠久历史和富有传奇色彩的钻石，都产自印度，那里的钻石资源全部源自砂矿中，现在这些地区的钻石资源，已基本枯竭。印度出产的特大钻石共有3颗。

（一）大莫卧尔钻石

1. 大莫卧尔钻石的前世

大莫卧尔（Great Mogul）钻石，发现于印度，历史悠久。这颗钻石是由莫卧尔王朝的阿克巴（Akbar）国王命名的，1656—1657年间，莫卧尔王朝的沙赫·贾汗（Shah Jahan）国王，得到了这颗钻石。它是当时世界上已知发现的最大钻石。1665年11月，著名的法国珠宝商和旅行家吉恩·巴蒂斯特·塔沃尼（Jean Baptiste Tavernier，图5-65），应莫卧尔王朝第六任国王奥朗则布（Aurangzeb）的邀请，获准观察和检测（包括称重）过这颗钻石。不幸的是，自从塔沃尼观察过这颗钻石之后，有关这颗钻石的所有线索，都突然消失了。据塔沃尼的描述，这颗钻石的体积与小的鸡蛋相似，而形态却似半鸡蛋形（图5-66）。

塔沃尼曾经仔细观察过大莫卧尔钻石，他曾有过这样的记载："放在我手上的第一颗钻石，是一颗切磨成圆玫瑰型的大钻石。钻石的一边有一个小的刻痕，内部有一个瑕疵，钻石属优质水钻……"

图5-65 吉恩·巴蒂斯特·塔沃尼

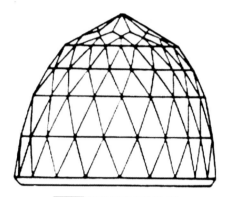

图5-66 大莫卧尔钻石琢型图

2. 大莫卧尔钻石的今身

此后，这颗钻石又经历了数任莫卧尔王朝统治者之手。苏联著名的矿物学家费尔斯曼（E.A.Fersman）曾认为大莫卧尔钻石就是著名的光明之山（Koh-i-Noor）钻石，后来又认为这颗钻石是属于伊朗王室所有的光明之川（Dayya-i-Noor）钻石，但是事实并非如此。有的则认为失踪的大莫卧尔钻石，就是奥尔洛夫（Orloff）钻石，但也只能是属于猜测而已。

大莫卧尔钻石、光明之山钻石和奥尔洛夫钻石三者仅是形状相似，本质是3颗不同的钻石，在重量上存在着明显的差异。在那个年代，公认塔沃尼是一个具有渊博钻石知识的钻石商人，他对钻石的描述和记录是可信的。作为一名钻石商人，对钻石的重量是极为敏感的，不会在这方面出错。

塔沃尼认为大莫卧尔钻石进入沙赫·贾汗国王之手时，原石重达900拉迪（ratis），相当于787.50ct。但是，当塔沃尼看到这颗钻石时，钻石已由来自意大利威尼斯的钻石切磨工匠霍顿西奥·巴吉奥（Hortensio Borgio）切磨，重量减少到只有319.5拉迪，相当于280ct。而光明之山钻石的重量是186ct，奥尔洛夫钻石的重量是193ct，3颗钻石重量差异明显。巴吉奥拙劣的手艺，使钻石损失了太多的重量，奥朗则布国王不仅没有付给他工钱，而且还罚了他1万卢比，这是巴吉奥随身所带的全部款项，否则将罚他更多的钱。

巴吉奥是一个手艺不高的钻石切磨师，塔沃尼认为，他对钻石知识的了解和研究不透，如果他能够沿着钻石的解理方向，从原石上切出一个大块，也就不会在接着的切割、打磨过程中，产生如此多的麻烦，或许也能挣到一份本该属于自己的工钱。虽然当时印度的钻石切磨工匠，也能够劈割切磨钻石，但是传统印度钻石切工的抛光工艺较差，这或许就是委托来自欧洲的切磨工匠巴吉奥做这项工作的原因。

（二）尼扎姆钻石

尼扎姆（Nizam）钻石，1835年发现于印度戈尔康达的库拉矿区，是1颗历史悠久的钻石，重量为440ct。这颗钻石曾属于戈尔康达的君主所有，钻石切磨成带有不规则刻面的穹型钻石后，它的重量是277ct。

（三）皮特钻石

1. 皮特钻石的发现

皮特（Pitt）钻石发现于1701年，由在印度戈尔康达的克里斯希纳河畔帕特尔（Partial）钻石矿做工的矿工发现，原石重410ct。发现钻石的矿工不想上交钻石，而想带着钻石逃跑，为此他自伤了小腿，并把钻石藏匿在包扎的绷带下，带着钻石避开了重重监管，逃到了海边。他向一位停泊在海边的英国船长吐露了秘密，并提出与该船长分享钻石售出后的所得，其条件是带着他逃离这个国家。船长假惺惺地满口答应了矿工的要求，但在航行途中，船长悄悄地拿走了钻石，并把钻石的发现者，扔入了茫茫大海之中。

2. 皮特钻石的交易和切磨

据说船长以1000英镑的价格，把钻石卖给了商人杰姆村德（Jamchund），后来，马德拉斯邦的总督托马斯·皮特（Tomas Pitt）以2.4万英镑买下了这颗钻石，并把它命名为皮特（Pitt）钻石。钻石由"贝德福特（Bedford）号"商船运回伦敦。在伦敦，该钻石交由约瑟夫·库帕（Joseph Cope）进行切磨，钻石的重量也从410ct减少到400.5ct，切磨钻石花费了5000英镑，在18世纪初，这是一笔不小的开支。切磨后的钻石，表面存在着一个小的包裹体，但它可以通过镶嵌而被掩蔽，而钻石的内部还有两个肉眼很难见到的瑕疵。

此后，对皮特钻石进行了再次切磨。切磨后的重量减少到只有140.50ct，呈垫型琢型，尺寸约为32mm×34mm×25mm，切磨工作持续了近2年时间，花费2.5万美元，切磨下来的较小钻石售出了3.5万美元，其中一些玫瑰型切工的钻石，由俄国的彼得大帝（Peter the Great）买入。重新切磨后的皮特钻石，是1颗优质的明亮型切工钻石。其售价昂贵，要出售这颗钻石也相当困难。而另一方面，社会大众对这颗钻石也非常关注，很想看看这旷世之宝，各种传说纷纭。因此，皮特非常担心钻石会被盗，总把钻石随身携带，从不离身，为了保证安全，还经常变换住地，以防不测。总之，皮特被这颗钻石折腾得疲惫不堪，为了尽快摆脱这种困境，他急于出售这颗钻石，为此还专门用铅制作了这颗钻石的模型。由于钻石售价昂贵，许多欧洲的王室成员闻之却步，嗜好珠宝的法国国王路易十四世，此时由于财力匮乏，也无力购买这稀世珍宝。路易十四世死后，他的5岁曾孙登上了法国国王的王位，而由奥尔良的公爵菲利浦二世（Philippe Ⅱ）担当摄政王。为了显示自己的权势，他花费了13.5万英镑买下了这颗钻石，并更名为"摄政王钻石"（Regent Diamond，图5-67），而皮特为了出售这颗钻石，花费了5000英镑的佣金，交易的成功也让皮特卸下了沉重的"心理包袱"。

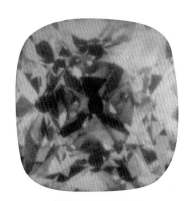

图5-67 摄政王钻石

3. 摄政王钻石的历史沿革

1772年，在路易十五世的加冕典礼上，摄政王钻石镶嵌在他的王冠上。王后莱金斯卡，也经常饰用这颗钻石。1792年，摄政王钻石与法国皇家的其他珠宝，包括葡萄牙之镜钻石、桑西（Sancy）钻石等一起被盗，约过了一年多时间，在巴黎的一幢木结构房屋顶楼的裂缝内，找回了摄政王钻石。因此，这颗钻石又回到了法国皇家珍宝库中。摄政王钻石是一颗美丽、优质的钻石。

1799年，拿破仑·波拿巴（Napoléon Bonaparte）自命为第一执政官，法国皇家珠宝被用作各种筹集款项的担保物，拿破仑军中的副官曾亲手抵押了许多钻石，包括摄政王钻石和著名的桑西钻石，分别从柏林和马德里得到了所需的贷款。

拿破仑率领的军队征服了意大利，带回了大量的贵金属和宝石，法国的珍宝库又开始逐渐丰富起来。拿破仑还赎回了曾经典当和抵押的大多数钻石，其中包括了摄政王钻石，拿破仑把这颗钻石镶嵌在宝剑的护手上，上面还镶有2颗重约16.5ct的钻石。1804年，拿破仑称帝后，戴着圣母玛利亚曾经戴过的王冠，并携带镶有摄政王钻石的权杖，参加了他的加冕典礼。

拿破仑进行了一系列战争后，控制了欧洲的大部分疆域，他与约瑟芬（Josephine）离婚，并与玛丽亚·路易斯（Marie Louis）结婚。为了他们的婚礼，法国采购了大量的珠宝。此后，镶有摄政王钻石的宝剑被拆开，又把这颗钻石镶在另一把新做的宝剑上，周围还镶有玫瑰型的钻石和其他钻石。拿破仑为法国又重新积累起了相当丰富的珠宝收藏品，这些在路易十八世（Louis XVIII）登基后，又重新称为法国皇家珠宝。滑铁卢战役，拿破仑被击败了，之后，查理十世（Charles X）把摄政王钻石镶嵌在王冠上。

此后，法国皇家珠宝相对平静了一段时间，1848年，法兰西第二共和国成立，但法国的皇家珠宝并没有受到破坏。拿破仑三世（Napoleon III）和欧仁妮（Eugenie）结婚时，法国的珠宝收藏相当丰富，皇家珠宝匠曼斯尔·巴布斯特（Messrs Bapst）为欧仁妮王后设计了一顶新的王冠，其上镶有摄政王钻石。

法兰西第三共和国成立后，1886年末，在本杰明·拉斯帕尔（Benjamin Raspail）的提议下，做出了一个决定，决定将具有历史意义、科学意义和艺术价值的珠宝，分别交由自然历史博物馆、矿业学校和卢浮宫保存，其余将以公开拍卖的方式出售。这个决定对于具有悠久历史的法国皇家珠宝来说，是灾难性的，做出这样的决定，除了经济上的原因外，或许还有政治上的原因，即要铲除法兰西帝国的权力和标记。

1883年5月12日至23日，法国皇家珠宝公开拍卖，来自世界各地的珠宝商竞相出价，总计卖出54403颗多面型钻石，21119颗玫瑰型钻石，2963颗珍珠，507颗红宝石，312颗祖母绿和136颗蓝宝石，其中的大部分被纽约的蒂芙尼公司买走，所幸的是摄政王钻石由于历史价值较高，而未被列入拍卖的清单中。

在第二次世界大战期间，德国军队攻占了法国，1940年巴黎沦陷前，法国政府把摄政王钻石，隐藏在卢瓦河畔香波尔城堡中一块不引人注意的护墙板内，德军元帅戈林曾以武力相威胁，要求交出这颗钻石，但并未如愿。1945年，摄政王钻石重返卢浮宫的阿波罗艺术品陈列馆。1962年1月，在卢浮宫举办的法国珠宝百年展览会上，摄政王钻石与桑西钻石、霍普钻石一起展出，这是自它们在1792年，从法国王室珍宝库被盗后的第一次"聚会"。

十、加拿大出产的特大钻石

加拿大面罩（Canadamask）钻石，2018年10月发现于加拿大的戴维科（Diavik）钻石矿，重达552.74ct。钻石的尺寸为33.74mm×54.56mm，接近一颗鸡蛋的大小（图5-68）。钻石的重量超过了此前发现的187.66ct的狐火（Foxfire）钻石。成为迄今为止加拿大发现的最大钻石，也是北美发现的最大钻石。这颗特大钻石的发现，也标志着北美和加拿大钻石开采的里程碑。

图5-68 加拿大面罩钻石

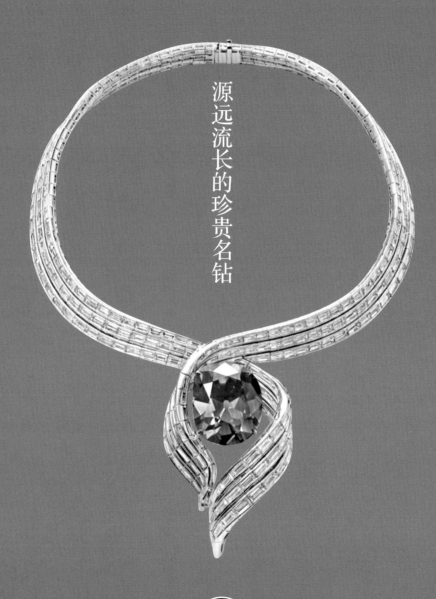

第六章

源远流长的珍贵名钻

chapter
six

一、饱经沧桑的光明之山钻石

光明之山钻石（Koh-i-Noor，Mountain of Light Diamond，图6-1），有着悠久、曲折和复杂的历史。现在，光明之山钻石属于英国王室珠宝。

图6-1 光明之山钻石

1. 光明之山钻石的产地

光明之山钻石的原石，形状似核桃，产于印度戈尔康达（Golconda）的库拉（Kollur）矿区，该矿区出产的钻石资源，以砂矿的形式出现。在这里相继发现了许多著名钻石，如大莫卧尔钻石（Great Mogul）和法国蓝钻（French Blue）等。克里斯希纳河（Kristna）在库拉切出一个大峡谷，16—17世纪，成千上万的矿工在这里淘砂寻宝。矿工们发掘到的钻石，归当地的统治者所有，并被带到戈尔康达进行交易。

印度是世界上最早开采钻石的国家，已知许多的历史名钻，都产自印度。根据文献资料记载，比较可靠的是光明之山钻石，曾为印度的莫卧尔王朝统治者所有。此后，围绕着这颗钻石引发了无数次的血腥屠杀和争斗。许多曾经拥有这颗钻石的君主，最终厄运当头。

2. 莫卧尔王朝与光明之山钻石

16世纪，蒙古人巴卑尔创建了印度的莫卧尔王朝，从此莫卧尔王朝与光明之山钻石结下了不解之缘。而巴卑尔成为第一个拥有光明之山钻石的君主。据说这颗钻石的价值，可供当时"世界上所有人一天所需的食物"。巴卑尔死后，由他的儿子胡马雍（Humayun）继位。此时的光明之山钻石，也顺理成章地由胡马雍所继承。胡马雍之后，其子阿克巴（Akbar）继任了王位，阿克巴国王统治有方，被认为是莫卧尔王朝的真正奠基人。

阿克巴的儿子查罕杰（Jahangir），继承了王位后，突发奇想，决定制作一件珍宝，并命名为孔雀御座，这是莫卧尔王朝最负盛名的珍宝。御座上，镶嵌了许多优质宝石和珍珠，是莫卧尔王朝权力的象征。据说光明之山钻石，曾镶在孔雀御座上。御座制作历经数十年，直到查罕杰之子沙赫·贾汗（Shah Jahan）登基方才完成。

在沙赫·贾汗统治的末期，国王得了重病，而王位的继承者们，则在为继承王位而进行着残酷的争斗。在此过程中，贾汗国王的三儿子奥朗则布（Aurangzeb）胜出，继承了莫卧尔王朝的王位，成为第六任莫卧尔王朝的国王。而此时他的父亲贾汗已病入膏肓，却被他监禁在位于阿格拉朱木拿河畔的城堡中。

1665年，在奥朗则布的统治下，邀请著名的法国珠宝商和旅行家塔沃尼，观察、测量和描述了莫卧尔王朝珍宝库中的诸多宝石。但是，塔沃尼在莫卧尔王朝珍宝库中，没有看到光明之山钻石，这可以理解为光明之山钻石，此时尚未归入奥朗则布控制的珍宝库中。这种认识是有道理的，因为塔沃尼到访时，奥朗则布的父亲沙赫·贾汗，仍处于监禁状态，监禁中的贾汗仍拥有大量的宝石，直到他1666年死后，或许光明之山钻石才真正落入了奥朗则布的手中。

3. 纳第尔·沙赫与光明之山钻石

纳第尔·沙赫（Nadir Shah）是波斯阿夫沙尔王朝的创建者，1736年登基后，由于连年战争，国库空虚，纳第尔决定出兵，掠夺印度莫卧尔王朝的财富。1739年，纳第尔率领的波斯军队占领了印度，其后又用血腥的屠杀，平定了各种各样的骚乱，声称"世界上苏丹的苏丹，国王的国王是纳第尔"。莫卧尔王朝被他掠去的珍宝不计其数，价值昂贵。纳第尔特别喜欢孔雀御座，因为它象征着莫卧尔王朝国王至高无上的权力。就这样，莫卧尔王朝最珍贵的孔雀御座被纳第尔掠走了。其中还包括光明之山钻石，当纳第尔看到这颗钻石时，不禁脱口而出："Koh-i-Noor"（意即光明之山）。这颗钻石的名称就这样留在了"钻石史册"上。

掠夺了莫卧尔王朝的无数珍宝后，纳第尔带着光明之山钻石，回到了波斯。从表面上看，此次攻占印度十分成功，得到了自己最想要的东西，但或许这也埋下了纳第尔垮台的祸根。由于连年征战，他得了浮肿病，并逐渐变得非常狂妄，在其统治的后期，成了历史上最有名的暴君之一。1747年，纳第尔在呼罗珊省被人谋杀于帐篷之中。

4. 光明之山钻石引发的权力争斗

纳第尔死后，光明之山钻石落入了阿富汗杜拉尼王朝的奠基者——艾默德·沙赫·阿布达利（Ahmed Shah Abdali）之手，他是纳第尔最亲密和忠诚的军官，率领着逃离的阿富汗籍士兵回到了阿富汗，艾默德的部队首先控制，并且统一了阿富汗。

由于光明之山钻石的巨大影响力，虽然此时的钻石已进入了阿富汗的艾默德之手，但贪求钻石的恐怖行动，仍接踵而至。后来，由于波斯内战再次爆发，阿格哈·默罕默德·克汗（Agha Muhammad Khan）获得了权力，他是一个太监，5岁时被纳第尔的继承者阉割，他狂热地迷恋权力和珠宝，他对权力和珠宝的贪婪达到了无以复加的地步。

阿格哈·默罕默德率部攻占了波斯的8个州，并自立为王。他的第一个目标，就是要掠夺鲁克·沙赫曾拥有的珍宝。他采用各种残忍的刑罚手段，逼迫鲁克供出藏匿珍宝的地点，并陆续得到了一些。但是，他最关心、最想得到的是光明之山钻石，他不相信此时的鲁克已不再拥有光明之山钻石的事实。由于未能得到想要的珍宝，阿格哈恼羞成怒，下令将鲁克捆在椅子上，用厚实的湿黏土制作的"王冠"压在鲁克的头上，在极为残忍的"加冕典礼"上，阿格哈亲手将1罐熔融的铅，浇入"王冠"中，鲁克一命呜呼。

艾默德·沙赫也把眼睛盯在印度的财富上，他曾8次入侵印度。1772年，让位于他的儿子铁木尔，因此，铁木尔继承了阿富汗珍宝库中的所有珍宝，其中应包括了光明之山钻石。

铁木尔死后，他的儿子扎曼（Zaman）成功地继承了王位，学着他的前辈，按照原有的统治方式，占领了那时的一些城市，统治了7年。

当他从印度征战返回后，他的同父异母的哥哥马哈默德（Mahmud）夺取了王位，并废黜了他，且残酷地挖去了他的双眼，把他监禁在宫殿内。或许是扎曼对即将发生的事情有所预感，虽然来不及躲避，但他还是把随身携带的部分珠宝，埋藏在用剑挖的洞内，并将光明之山钻石隐藏在墙壁的裂缝中。由于扎曼的有意安排，马哈默德最终没能得到光明之山钻石。1803年马哈默德也丢失了王位，而废黜他的也正是他的弟弟苏加（Shuja）。苏加对于珠宝的喜爱（尤其是光明之山钻石），大大地超过了他对权力的钟情。苏加也准备遵循宫廷的传统，挖去被废黜的国王马哈默德的眼睛，当时宫廷中的许多达官贵人出面请求怜悯，但似乎无济于事，直到失明的前任国王扎曼，用提供光明之山钻石的隐藏地，来支持这样的请求时，方才获准。因此，马哈默德侥幸地逃过了失明这一劫。但是，他一直被关在监狱里，而苏加则得到了梦寐以求的光明之山钻石。

就在阿富汗的几位国王与他们的敌人往复交战的同时，英国则通过与不列颠东印度公司贸易的方式，正逐渐在印度扩张势力。英国皇家政府通过外交手段和持续的施压，使英国军队在印度的存在逐渐合法化。但是，当苏加外出征战回到喀布尔后，发现他的哥哥马哈默德，已经成功地逃离了被监禁了6年之久的监狱，并集结了一支部队，第二次获得了权力。获得权力后的马哈默德立即流放了他的哥哥扎曼，在穿越锡克人控制的领地时，扎曼投靠了锡克部落的首领兰吉德·辛格（Ranjit Singh）。这一历史变化，为光明之山钻石拥有者的更迭埋下了伏笔。

5. 光明之山钻石再次回到了印度

兰吉德·辛格有"拉合尔之狮"的称谓，是锡克教支派首领的儿子，他足智多谋，英勇善战，尤善骑射。虽然他身材矮小，且只有1只眼，但他意志坚强，且有相当的领导才能，他利用手中掌握的权力，把分散的锡克人聚集在一起。在17岁时完全控制了锡克部落，俨然成了锡克人的首领。他利用灵活多变的战术，轻而易举地获得了大片领土，其中包括中心城市拉合尔（Lahore）。在18岁时，他自命为拉合尔的头领，1801年创立了锡克国（Sikh Empire），并成为第一任统治者。此时，锡克人最大的威胁已经不是莫卧尔王朝，而是英国人。英国人已经控制了除旁遮普以外的整个印度。兰吉德·辛格采取灵活的策略，同英国人结盟而不是结仇。这期间，他还让英国人为他训练军队，发展武装，进一步扩充其势力。

马哈默德第二次获得权力后，开始讨伐苏加，虽然苏加组织了几次抵抗，但均无功而返。1812年，苏加被另一支部队捕获，关押在印度北部的克什米尔，扎曼听到这个消息后，试着谋取他的主人兰吉德·辛格的帮助，以营救被关押的苏加。兰吉德·辛格接受了这个建议，但这次营救的"酬金"是得到光明之山钻石。

兰吉德·辛格有着强烈的自我保护意识，他派部队攻打克什米尔，救出了苏加，并把他带回了拉合尔。

当苏加听说此次获救的"酬金"是交出光明之山钻石时，极不情愿，并一再声称自己已不再拥有这颗钻石。而暗中却想把这颗钻石，悄悄地送回喀布尔，用于筹集款项，秘密组织军队，以图东山再起。他编造各种谎言加以搪塞，一说是钻石已经被典当；二说是钻石和一些其他的珠宝一起丢了；三说是用一些大颗粒的无色托帕石冒充钻石，经兰吉德·辛格的宫廷珠宝匠检验予以否认。此时，兰吉德十分恼怒，再次以停供食物和饮用水威胁，逼迫苏加尽快交出光明之山钻石。苏加虽然极不愿意，但已无可奈何。

1813年6月1日，这是双方约定交出光明之山钻石的最后时限。俩人如约而遇，面对面盘腿而坐，苏加不情愿地交出一个装有光明之山钻石的小布包。而兰吉德·辛格则十分兴奋，毫不犹豫地一把抓过这个布包。就这样，经历数十年后，这颗钻石又再次回到了它的出产国——印度。

兰吉德·辛格把光明之山钻石镶嵌在手镯上，或把光明之山钻石用作头巾的装饰物。在某段时间内，把光明之山钻石镶在马鞯的一侧，使他的坐骑上多一只"眼睛"，对光明之山钻石的用途，极其夸张和奢华。

6. 得而复失的光明之山钻石

1838年，一批英国外交官到访拉合尔，拜会兰吉德·辛格会谈。而威廉·奥斯本（William Osborne）就是这批到访的外交官中的一个，他是英国派驻印度总督的军事秘书，他描述道："拉合尔的强人盘腿坐在金色的椅子上，穿着单薄的白色衣服，衣服上没有装饰品，但有一排大的珍珠系在腰间，代表着胜利的光明之山钻石戴在手臂上。"此后，奥斯本被特许手持光明之山钻石进行观察，他进一步描述道："这颗钻石一定是最漂亮的，长3.81cm，宽大于2.54cm，高出镶嵌的底座1.27cm，形似鸡蛋，镶嵌在手镯上，两边还各配镶有1颗比光明之山钻石小一半的钻石。钻石无任何类型的瑕疵。"

兰吉德·辛格死后，杜利普·辛格（Duleep Singh）继任了锡克国的统治者，那时他还是一个孩童，其母被指定为摄政王。1848至1849年间，英国和锡克国之间爆发了第二次的锡克战争，英国人获得了胜利。1849年，时任英国驻印度总督道尔豪西（Dalhousie）爵士，与摄政王和杜利普·辛格方面签署了屈服于英国统治的文件。道尔豪西记述道："……把光明之山钻石交给英国女王……"英国保证杜利普·辛格的俸禄、头衔和地位。就这样，回到印度不久的光明之山钻石，将得而复失，再次离开它的出产国，启程运往英国。

7. 光明之山钻石运往英国

英国得到了光明之山钻石，但要把这颗钻石运回英国，道路充满着荆棘。在当时的运输条件下，从拉合尔到英国，必须先将钻石经陆路运抵孟买，再在孟买通过水路运往英国。

如何携带钻石从拉合尔，经陆路安全地运抵印度西部港口城市孟买，这是需要解决的第一个问题。在这漫长的陆路上，当时依靠的交通工具，主要是马匹和四轮马车，况且在这漫长的由北到南的征途中，还需时常通过交战区，可见运输的难度之大。这个问题只能由总督道尔豪西亲自解决，并由他来承担这个运输的风险。道尔豪西在他的军事参谋兰姆赛（Ramsay）上尉的帮助下，把光明之山钻石缝在一根带子里，带子系在道尔豪西的腰上，而且还通过一条链子，系在他的脖子上，构成"双保险"，以防运输途中丢失。尽管道尔豪西充满自信，但他也深知自己所承担的风险和责任，他记述道："在惊恐中我懂得自己的责任，当我把光明之山钻石放在孟买的珍宝库中时，这是我一生中最高兴的时刻。"

到达孟买后，光明之山钻石放置在一只铁制箱内，并上锁。然后再把这只铁箱放进一只类似更大的密封箱中，再次上锁。钥匙则由不同的人掌管，密封箱装上了英国皇家海军的蒸汽单桅帆船"美狄亚号（Medea）"。船长则是海军中校——洛克（Lockyer），1850年4月6日，美狄亚号起锚离开孟买，驶往英国。

航行充满着艰险，离开孟买仅一天，船上暴发了霍乱，并且死了2名船员。船长洛克决定继续向目的地航行，穿过印度洋后，进入了法国控制的南部非洲的岛国——毛里求斯。此时，船上的食物已近耗尽，而船长非常希望能在这里停靠休整，并能得到充分的食品补给，以备后续的航程。但岸上给出的旗语，指示"美狄亚号"进行隔离检疫，2天后又进而威胁道：除非马上开航离港，否则要将船只烧毁。无奈的洛克船长只得听命，在未得到任何食品补给的情况下，继续向着英国航行。随后的航行过程中，各种不顺仍然接踵而至，在到达南非好望角（Cape）前，船只遇到了大风暴，狂风卷走了"美狄亚号"的帆缆和大部分的配件，桅杆几乎折断。但此时船上的霍乱，则已基本得到了控制，到达好望角后，

"美狄亚号"得到了食品、燃料等一切所需的补给。

离开好望角后，"美狄亚号"的航行变得十分顺利，锅炉里充足的蒸汽，加快了帆船航行的速度，船从斯皮希德海峡（Spithead）起锚，至1850年6月29号到达索伦特海峡（Solent）的海军基地，仅用了40天的时间，创造了当时单桅帆船航行这一段航程的纪录。

8. 维多利亚女王与光明之山钻石

光明之山钻石抵达英国后，报刊上登载了很多的文章和评论，唤起了许多民众的兴趣。不久，英国女王维多利亚（Victoria），戴上了这颗象征荣誉、地位的历史名钻。光明之山钻石，一时在议会和公众中，引起了相当大的关注。人们纷纷奔走相告，希望能一睹名钻的风采。以至于阿尔伯特亲王（Prince Albert）突发奇想：能否在海德公园举办一个宏大的展览，向公众展示这颗钻石。虽然困难重重，但阿尔伯特亲王非常执着，最终举办展览的想法获得了批准。展览的地点选择在海德公园的一个巨大新型的建筑物——水晶宫内举行。

展览的主要展品之一就是光明之山钻石。钻石陈列在镀金的铁盒内，历经5个半月的时间，吸引了近600万名参观者，约是当时英国总人口的三分之一，其中有许多参观者来自国外。

参观者亲眼看见了这颗历史名钻，但它并不像有些没有见过该钻石的记者所描述的那样"光芒四射"，以至于现实与想象之间存在着巨大的反差，钻石的现状使许多参观者感到失望。其原因是这颗钻石没有以最佳的比例切磨，没有充分展示出钻石的洁净和本身所特有的性质。因此，有人提出一个大胆的建议，能否请欧洲最好的钻石切磨师，对这颗钻石进行重新切磨，以最大限度地显示出钻石本身所特有的美。这样做虽然钻石的体积和重量将会减少，但是它的市场售价将会大大增加，或许它将成为欧洲乃至世界上最好的钻石之一。这样做虽然有它的好处，但也存在着明显的弊端，这颗历史名钻的历史价值和文化价值，将会因此而大打折扣。

9. 重新切磨光明之山钻石

钻石的外表特征也引起了阿尔伯特亲王，或许也包括了维多利亚女王的不满。钻石重186.50ct，在"玫瑰型切工"的圆多面形部分有一个三角形刻面，下部有一个大的解理面，边上有一个小的解理面及几个其他类型的瑕疵。钻石虽然很大，但缺乏光亮和人们期盼的光学效果，那时它的估价是14万英镑。

在海德公园水晶宫的展览结束后，英国王室决定重新切磨这颗具有史书般历史意义的名钻。为了获得更好的光学效果，使这颗现存的最具历史意义的钻石，在外形和重量上发生根本性的改变。做出这样的决定，或许是经过仔细考虑的。但是，可以肯定的是这样的决定，仅仅是出于钻石的直接用途，而完全忽略了这颗钻石的历史价值和文化价值。对于重新切磨光明之山钻石，虽然有人提出过不同的意见，但并未被英国王室所接受。

重新切磨光明之山钻石，委托当时著名的荷兰阿姆斯特丹的考斯特钻石公司（Coster Diamonds）进行，但实际的切磨工作是在英国进行的，并在女王的御用矿物学家詹姆斯·滕南特（James Tennant）的监督下，由钻石切磨师沃尔桑格（Voorsanger）完成此项工作。重新切磨工作开始于1853年7月16日，共耗时38天，花费8000英镑，重量减少到108.90ct。重新切磨后钻石的腰围直径增加了，它是利用了原来形状钻石的斜面，作为重新切磨后钻石的腰围，切磨后的钻石呈椭圆形。

重新切磨后的光明之山钻石，在一定程度上改善了钻石的外观，但光明之山钻石的历史价值受到了很大的影响。因为，在重新切磨光明之山钻石之前，钻石的标准圆钻型切工尚未发明，而这种标准的圆钻石型琢型，是1919年，由曼塞尔·托克瓦斯基（Marcel Tolkowsky），计算出了切磨钻石的最佳角度和比例，这种切磨可使钻石具有最佳的光学效果，这是钻石切磨者摸索了很长时间才得到的结果。

重新切磨后的光明之山钻石（图6-2），被镶嵌在胸针、手镯或专门制作的环形饰物上，由维多利亚女王饰用，该环形饰物现陈列于伦敦博物馆。

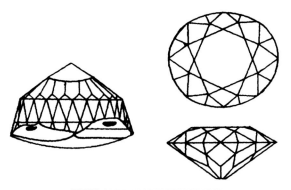

图6-2　重新切磨后的光明之山钻石

（左图为重新切磨前的形状，右图为重新切磨后的形状）

10. 光明之山钻石与英国王室

自维多利亚女王以来，光明之山钻石进入了英国王室。1901年维多利亚女王死后，光明之山钻石被镶嵌在国王爱德华七世（Edward Ⅶ）的妻子亚历山德拉（Alexandra）王后王冠的正面十字中心（图6-3）。这顶王冠具有几个新的特点，用铂替代了黄金，具有四个拱形（原先只有两个）。这顶英国王冠，也是第一顶镶有光明之山钻石的王冠。

图6-3 佩戴镶嵌光明之山钻石王冠的亚历山德拉王后

在乔治五世（George Ⅴ）国王的加冕典礼上，玛丽（Mary）王后的王冠，再次把光明之山钻石镶嵌在王冠正面的十字上，在王冠的底部镶有库里南Ⅳ号钻石，在王冠的顶部则镶有库里南Ⅲ号钻石（图6-4）。这顶王冠是由皇家珠宝匠加拉德（Garrard）制作的，钻石是该王冠上唯一饰用的宝石。而王冠的金属格架是用银制作的，其上嵌有金线，总共用了2200颗钻石，大部分为明亮型切工，也有部分为玫瑰型切工。王冠的环形部分和其上的拱形部分，是可以分离拆卸的。

1937年，玛丽王后佩戴王冠，参加他儿子乔治六世（George Ⅵ）的加冕典礼。

图6-4 镶嵌光明之山钻石的玛丽王后王冠

图片中所示的光明之山钻石和库里南Ⅲ号、库里南Ⅳ号钻石，均为水晶制作的复制品

　　亚历山德拉王后用铂金制作的王冠格架，现收藏于伦敦博物馆，其上镶有用特殊铅玻璃制作的光明之山钻石的复制品。玛丽王后的王冠格架，现陈列于伦敦塔的珠宝馆内，其上镶有用水晶制作的光明之山钻石，以及库里南Ⅲ号和库里南Ⅳ号钻石的复制品。这些光明之山钻石复制品的形状，均为重新切磨后的形状。

　　乔治五世之后，英王乔治六世继位。1937年，乔治六世的妻子伊丽莎白·安吉拉·玛格丽特·鲍斯－莱昂（Elizabeth Angela Marguerite Bowes-Lyon）王后得到了这颗钻石，并且把光明之山钻石，镶嵌在自己的王冠上（图6-5）。

　　这顶王冠的金属格架是用铂制作的，共镶有2800颗钻石，钻石的切工主要为垫型，也包括一部分玫瑰型和明亮型切工。光明之山钻石镶嵌在王冠正面中央的十字上，其顶部十字上镶嵌的是拉合尔钻石（Lahore Diamond），该钻石是由东印度公司，于1851年送给维多利亚女王的。而光明之山钻石下方环形带上，镶嵌的是土耳其钻石（Turkish Diamond），这颗钻石是由土耳其的苏丹阿卜杜尔·梅德吉德（Abdul Medjid），于1856年送给维多利亚女王的。

　　2002年4月9日，在伦敦威斯敏斯特教堂举行的伊丽莎白王太后的葬礼上，这颗钻石被放置在王太后的棺木上，让全世界再次目睹了"光明之山"钻石光彩照人的魅力。

图6-5 镶嵌光明之山钻石的伊丽莎白王后——女王的母亲王冠

光明之山钻石从来没有镶嵌在英国男性国王的王冠上，这或许是一种巧合。传说拥有这颗钻石的男士戴上它时，将会遇到凶险，这种观念已持续了很多年。但是对于女性则不然，维多利亚女王拥有并饰用着这颗钻石，却在很长时间内进行了成功的统治。

现在，光明之山钻石，镶嵌在伊丽莎白二世女王的王冠上。作为英国王室珠宝，收藏在伦敦塔内，向世人展现着英国君主的财富与地位，也默默地讲述着这颗历史悠久钻石的过去，吸引着人们猜测它神秘莫测的未来。

二、源远流长的桑西钻石

桑西钻石（Sancy Diamond，图6-6），是一颗神奇的历史名钻。其形状似杏仁，质量上乘，重55.23ct，切工为双玫瑰型的传统印度切工。

桑西钻石是由尼古拉斯·哈雷（Nicholas Harley，亦称为桑西侯爵）在康斯坦丁堡（现土耳其伊斯坦布尔）购得的，他是法国亨利三世（Henry III）派往奥斯曼土耳其帝国的公使，推测他购买这颗钻石的时间约在1570年。

1604年，桑西侯爵通过时任法国驻英国大使的弟弟，把钻石出售给了英国的詹姆斯一世（James I）国王，并约定以分期付款的方式，在3年内付清全部款

图6-6 桑西钻石

项。因此，桑西钻石来到英国。但是，桑西钻石作为英国皇家珠宝，保存的时间并不长。因为查理一世（Charles I）和亨利埃塔·玛丽亚（Henrietta Maria）王后，从英国皇家珠宝中拿出很多宝石，其中包括桑西钻石和葡萄牙之镜钻石，用于出售或作抵押，试图以此来挽救其摇摇欲坠的王位。

由于无钱赎回作为抵押的珠宝，后来桑西钻石和葡萄牙之镜钻石，均出售给了法国的红衣主教马扎林（Jules Mazarin），他为这两颗钻石共计支付了36万列弗，成为马扎林收藏品中最优质的钻石。他给法国王室留下了18颗优质的钻石，其中包括著名的桑西钻石和葡萄牙之镜钻石，马扎林收藏的这些钻石，被统称为"马扎林"钻石（Mazarin Diamonds）。

在路易十五世（Louis XV）成为国王前，就曾饰用过桑西钻石和摄政王钻石。路易十五世的妻子玛丽亚·莱金斯卡（Marie Leczinska）王后，经常把桑西钻石用作坠饰，而把摄政王钻石用作发饰。莱金斯卡的儿子法国皇太子路易和西班牙的玛丽亚·塞雷瑟（Marie Therese）结婚时，桑西钻石被装饰在他的帽子上，而路易十六世（Louis XVI）的妻子玛丽亚·安托内特（Marie Antoinette）经常把桑西钻石、摄政王钻石和其他马扎林钻石镶嵌在珠宝饰品上，饰作羽毛和花朵上的水滴等。

法国大革命期间，桑西钻石和其他珍宝一起在法国王室珍宝库被盗，桑西钻石未能及时追回。经过一段不详的历史后，这颗钻石又重新回到了法国的珍宝库中。法国拿破仑时期军队的副官，为了筹集100万法郎的军费，曾在马德里抵押了包括桑西钻石在内的许多钻石。1828年，一位法国商人以10万美元的价格，把桑西钻石出售给了俄国的德米托夫（Demidoff）家族。

1865年，印度孟买的杰姆赛特吉·杰吉布霍（Jamsetjee Jeejeebhoy）买下了桑西钻石，但不久又转手卖给了一名法国珠宝商人。1867年，这颗钻石曾在法国巴黎万国博览会展出，当时这颗钻石的开价是100万法郎。

此后，桑西钻石销声匿迹近30年。1906年，威廉·沃尔托夫·阿斯特（William Waldorf Astor）以50万美元，买下了这颗钻石。这颗钻石曾在1962年法国卢浮宫珠宝百年纪念展览会上展出。1978年法国的一些博物馆，经过与阿斯特家族继承人旷日持久的谈判，花费了100万美元，从第四代阿斯特子爵手中买下桑西钻石。现在，这颗钻石陈列于巴黎卢浮宫阿波罗艺术品展览馆，供人观赏。

三、日久年深的奥尔洛夫钻石

奥尔洛夫钻石（Orloff Diamond，图6-7），是产自印度的最优质钻石之一，它保持着原有的印度切工外貌，具有较高的历史文化价值，现在是莫斯科克里姆林宫钻石库中，最有价值的珍宝之一。

奥尔洛夫钻石曾是威尔克·科林斯（Wilkie Collins）的著名小说《月亮宝石》的素材。传说奥尔洛夫钻石是维克努女神（婆罗门教）塑像上的一只眼睛，在17世纪中叶，法国军队占领了印度南方城市特里奇诺波利（Trichinopoli）。当地驻军的一名法国士兵，百般奉承当地寺庙的牧师，并被委任为寺庙的卫兵。一天，这名暗藏心机的法国士兵撬开了神灵的眼睛，盗走了这颗钻石，逃到了马德拉斯。

图6-7 奥尔洛夫钻石

　　在那里，把这颗钻石以2000英镑的价格，卖给了停泊在港口的一艘英国船只的船长。该船长回到伦敦后，以1.2万英镑的价格把钻石卖给了一名珠宝商人。可以肯定，这颗钻石在荷兰的阿姆斯特丹，卖给了戈里高里·戈里高里维奇·奥尔洛夫（Gregori Gregorievich Orloff）伯爵，此时钻石以所有者的名字，命名为奥尔洛夫钻石。据说奥尔洛夫为此付出了40万卢布，交易时间约在1775年。

　　俄国的凯瑟琳大帝（Catherine the Great）成为女王前，奥尔洛夫曾是她的情人。奥尔洛夫以如此高昂的价格买下这颗钻石，送给凯瑟琳大帝，是为了博得她的欢心，以便向她求婚。凯瑟琳大帝收下了钻石，仅以圣·彼得堡的一座大理石宫殿作为回赠，其他则一无所获。1783年，奥尔洛夫因精神失常，而死于疯人院。

　　凯瑟琳大帝把奥尔洛夫钻石，镶嵌在由特洛廷斯基（C. N. Troitinski）设计的帝王权杖上，它似一枚闪亮的火箭，在三个方向镶嵌有八圈圆型钻石，有的钻石重达30ct，奥尔洛夫钻石镶嵌在权杖的顶部。在它的上方是一只双头鹰，在鹰的胸脯上涂有俄国的标记（图6-8）。1981年，在一本图册中把奥尔洛夫钻石的重量定为189.62ct。

图6-8　手持权杖的凯瑟琳大帝

四、雕文刻镂的沙赫钻石

沙赫钻石（Shah Diamond，图6-9），也是1颗产自印度的历史名钻。根据塔沃尼的记载，曾挂在莫卧尔王朝孔雀御座的孔雀前方。钻石的形状似棒状，原石重95ct，呈黄色，现重量88.7ct。

图6-9 沙赫钻石

在这颗钻石的顶部，留有用波斯语雕刻的极其精美的铭文，铭文的内容如下：

"布尔汉·尼扎姆·沙赫（Bourhan Nizam Shah）：1000（即公元1591）"

"查罕杰国王的儿子——贾汗国王1051（即公元1641）"

"法赫·阿里·沙赫（Fat'hh Ali Shah）（即公元1842）"

第一行铭文雕刻的是印度艾克迈德纳格（Achmednager）省的统治者。最后一行雕刻的是波斯国王的名字，可以肯定这颗钻石，是从莫卧尔王朝的珍宝库中掠走的。在这颗钻石的顶部，有一环形的细小沟槽，很明显它是为了托起带环的线，使得它可以挂在孔雀御座上。

沙赫钻石，在历史上曾经起过不小的作用，成功地阻止了俄国和波斯之间的一场战争。根据1829年的土库曼斯坦条约，波斯北部部分富有的土地割让给了俄国。因此，出于义愤，一群人捣毁了在德黑兰的俄国使馆，并杀死了大使亚历山大·格里布耶夫（Aleksander Griboyedov），俄国沙皇扬言要进行武力报复。因此，波斯政府把沙赫钻石作为礼物，送给了俄国沙皇尼古拉斯一世（Nichloas Ⅰ），以平息这一事件，沙皇接受了这颗钻石，并把它归入俄国的皇家珠宝中。

1914年8月，出于安全方面的原因，沙赫钻石从圣·彼德堡，送到了莫斯科的克里姆林宫，并且一直保存在那里。1971年，苏联以沙赫钻石为背景，发行了1枚特种邮票（图6-10）。

图6-10 苏联发行的沙赫钻石邮票（1971）

五、不同凡响的霍普钻石

1. 霍普钻石的前世今身

霍普钻石源自塔沃尼蓝钻（Tavernier Blue Diamond），原石重112.25ct，产于印度戈尔康达的库拉矿区，颜色为蓝色。钻石由法国著名的珠宝商人塔沃尼，从印度带回法国。

塔沃尼完成了第六次印度之行回到法国后，嗜好珠宝的路易十四世国王召见了他，并令他带上从印度采购而来的宝石。他从塔沃尼处买下了54颗大钻石（其中包括塔沃尼蓝钻）和1122颗较小的钻石。而塔沃尼则把出售钻石所得的款项，用于购买了瑞士奥勃内（Aubonne）的男爵爵位。

路易十四世对塔沃尼蓝钻的原始印度切工十分不满，印度切工的刻面主要用于去除钻石上的瑕疵，通常留下的是一种不规则形状的琢型，钻石的光学效果不佳，且出火不好，做工粗糙。1673年，他令皇家珠宝匠席尔·皮托（Sieur Pitau）重新切磨了这颗钻石，重新切磨后的钻石呈三角形，大小如杏仁，重量减少到67.50ct，被命名为法国蓝钻（French Blue Diamond）或王冠蓝钻（Blue

Diamond of the Crown）。路易十四世十分喜欢这颗蓝色钻石，并经常把这颗钻石挂在脖子上。

1749年，法国国王路易十五世曾下令，把这颗蓝色钻石，镶嵌在代表法国骑士制度权力的金羊毛勋章上。1774年，路易十五世的孙子继位国王，成为法国国王路易十六世，由于其统治无方，国民怨气日增，终于在1789年7月14日，爆发了国民起义。国王带着王后和一些皇家珠宝仓皇出逃，但是在万塞讷（Vincennes）被俘，缴获的珠宝送回了法国王室珍宝库（Garde Meuble）。

法国王室珍宝库，历来是盗贼十分关注的目标，在那个时期，珍宝库除了有卫兵值守外，无任何其他的安防措施。以至于在珠宝首饰史上，最骇人听闻的珠宝盗窃案发生了。法国王室最具历史意义和传奇色彩的宝石失踪了，其中包括法国蓝钻、摄政王钻石、桑西钻石和葡萄牙之镜钻石等。

后来，相继找回了摄政王钻石和桑西钻石。但葡萄牙之镜钻石，从此以后完全没有了踪影。而法国蓝钻也失踪了近40年，直到1830年，在伦敦市场上，银行家和宝石收藏家亨利·菲利浦·霍普（Henry Philip Hope）以1.8万英镑，购得了1颗类似法国蓝钻的深蓝色钻石，它很可能是法国蓝钻的一部分，重量只有45.52ct。自从霍普得到这颗钻石后，该钻石即被命名为霍普钻石（Hope Diamond，亦称"希望钻石"）。

法国蓝钻被盗后，为了掩盖被盗的事实，有意将法国蓝钻进行重新切磨，这种可能性是存在的。经过一段不详的历史，法国蓝钻被一劈为三，其中最大的1颗，切磨后重45.52ct，这颗钻石就是现在的霍普钻石。至此，神秘的塔沃尼蓝钻，经过两次切磨后，重量从112.25ct，减少到45.52ct，霍普钻石不同历史时期的琢型见图6-11、图6-12。

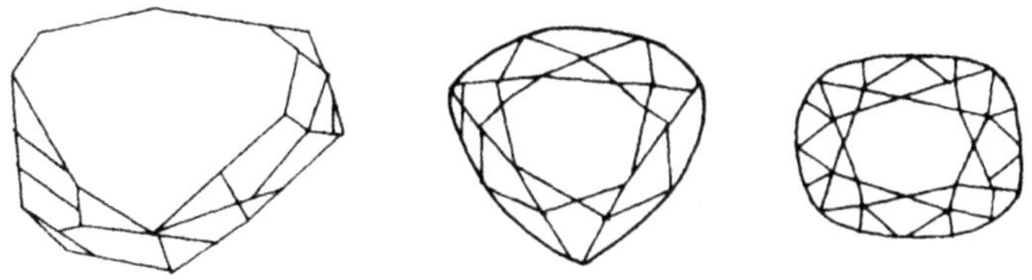

(a) 塔沃尼蓝钻 (重112.25ct)　　(b) 法国蓝钻 (重67.50ct)　(c) 霍普钻石 (重45.52ct)

图6-11　霍普钻石不同历史时期琢型图

2. 亨利·菲利浦·霍普家族与霍普钻石

亨利·菲利浦·霍普是荷兰人，尤其喜欢收藏彩色钻石。1839年，出版了其所拥有收藏品的图册，其中对霍普钻石描述道：这是1颗绝无仅有的钻石，具有蓝宝石般的美丽颜色和钻石特有的耀眼光芒，由于它的特殊颜色和较大的体积以及其他优异的特性，可以称得上是举世无双的，即使在世界的皇家珠宝中，也没有这样的收藏品。这颗钻石被镶嵌在极为精致的带有小的玫瑰型钻石边的圆形饰品上，这些玫瑰型钻石，具有相同的大小、形状、切工和净度，每颗钻石重约1ct。

亨利·菲利浦·霍普是个单身汉，生后他的财产留给了他的三个侄儿。其中大侄儿亨利·托马斯·霍普（Henry Tomas Hope）得到了霍普钻石。1851年，他曾把霍普钻石借给在伦敦晶体宫举办的万国工业博览会（Great Exhibition）展出。1855年，再次借给在巴黎举办的万国工业博览会（Paris Exhibition Universelle）展出。平时，霍普钻石均保存在银行的保险库内。

1861年，亨利·托马斯·霍普的独生女亨利埃塔·霍普（Henrietta Hope）嫁给了亨利·佩尔海姆-克林顿（Henry Pelham-Clinton）。当亨利·托马斯·霍普过世后，他的钻石和其他财产，留给了遗孀安娜·阿黛尔（Anne Adele）。1884年阿黛尔去世前，将霍普的所有财产（包括霍普钻石）委托给她的外孙亨利·弗朗西斯（Henry Francis），约定在他达到法定成年后，改变他的姓氏即可获得她的遗产。1887年，弗朗西斯·霍普（Francis Hope）获得了他外祖母的遗产。但他只拥有遗产的权益，而未经法庭的许可，他不能出售任何所获得的遗产。

此后，弗朗西斯·霍普与美国歌唱演员玛丽·奥格斯塔·约赫（Mary Augusta Yohe）相爱，并于1894年在亨普斯特德（Hempstead）结婚。次年，霍普破产了。虽然依靠出售继承的绘画收藏品，可以得到必要的生活开支，但是他的花销比出售绘画收藏品所得的收入要大，因此他请求法庭，要求出售霍普钻石。这颗钻石一直保存在帕尔斯（Parr's）银行，钻石既没有给人带来快乐也没有给人带来实用，就连他的妻子玛丽也仅饰用过两次。

而与此同时，经过长期的法律诉讼，1901年，法庭允许弗朗西斯·霍普出售霍普钻石。他以2.9万英镑的价格，将霍普钻石出售给了阿道夫·韦尔（Adolph Weil）。此后，霍普钻石在伦敦由西蒙·弗兰克尔（Simon Frankel）买下，1901年11月由"克隆普林兹·韦尔海姆（Kronprinz Wilhelm）号"商船运抵美国纽约。1908年，弗兰克尔将这颗钻石出售给了土耳其钻石收藏家塞利姆·哈比勃（Selim Habib）。1909年，哈比勃在巴黎将钻石卖给了珠宝商人西蒙·罗瑟南（Simon Roesnan）。1910年，罗瑟南又将钻石卖给了卡地亚（Cartiers）公司。此后，卡地亚公司又把钻石卖给了伊瓦琳·麦克莱恩女士。

3."厄运钻石"的由来

关于霍普钻石的灾难性传说，大多与美国女富翁伊瓦琳·麦克莱恩女士和她的家庭有关。由于饰用过这颗钻石，其家庭成员接连遭遇了许多不幸，因此霍普钻石得到了"厄运钻石"之名。这很容易使人联想到钻石过去的拥有者，曾经遇到过的种种不测。例如，塔沃尼在80岁时，突然失去了他所拥有的财产。人们认为这颗蓝色钻石是神灵的化身，神灵已经把灾祸降临在塔沃尼和后来的该钻石的拥有者身上了。

伊瓦琳的父亲是美国科罗拉多的金矿主，金矿给他们带来了巨大的财富。伊瓦琳和她弟弟过着富家子弟的阔绰生活。22岁时，她嫁给了华盛顿邮政产权人的儿子爱德华·麦克莱恩（Edward Mclean）。在结婚前，他们俩一起来到了卡地亚珠宝公司，选购由伊瓦琳父亲出资购买的结婚礼物。卡地亚为这对大买主提供了铂金制作的钻石项链和三款镶宝石的项链坠，即重达32.25喱（1喱=64.8mg）的大珍珠、34.50ct的祖母绿和94.80ct的名为东方之星的巨大梨型钻石，他们买下了这颗大钻石。接着又在不到4个月的时间内，在欧洲总计花费了20万美元进行大量的采购。

1910年，麦克莱恩夫妇再次来到巴黎，皮尔·卡地亚（Pierre Cartier）带着霍普钻石，来到了他们下榻的宾馆，向他们展示了这颗钻石，并且向他们讲述了这颗钻石的历史。但是麦克莱恩太太拒绝购买霍普钻石，原因是她不喜欢这颗钻石镶嵌的款式。几个月以后，皮尔·卡地亚带着重新镶嵌后的霍普钻石来到了纽约。这次，麦克莱恩太太以18万美元买下了这颗钻石，并以分期付款的方式，支付货款（图6-13）。

图6-13　卡地亚设计制作的霍普钻石饰品

　　麦克莱恩太太经常饰用这颗钻石，有时把它用作头饰，但是更多的是把它用作钻石项链的项链坠（图6-14），并经常同时将霍普钻石和东方之星钻石用作项链坠。这些饰品，在他们缺钱的时候，也曾几次做过抵押品。

　　霍普钻石给麦克莱恩一家带来的"厄运"接踵而至，首先她9岁的儿子在车祸中丧生；她女儿在25岁时，由于服用了超剂量的安眠药而离世；她的丈夫健康状况也每况愈下；而麦克莱恩太太本人也因服用安眠药而丧生。但是，所有这一切并不是霍普钻石的"过错"，"厄运"并没有伴随曾经触摸过这颗钻石的所有人。

　　伊瓦琳死后，美国著名的珠宝商人哈里·温斯顿买下了这颗钻石，并把这颗钻石捐赠给了华盛顿史密森国家自然历史博物馆。1958年11月10日，温斯顿用一个普通的挂号邮件，花费邮资145.29美元，并伴随着1张100万美元的保险单，把霍普钻石邮寄到了华盛顿。

图6-14 佩戴霍普钻石的伊瓦琳·麦克莱恩女士

从那时起，霍普钻石这颗具有历史意义的名钻，被陈列在一个厚实的玻璃罩内，在极其精密和复杂的电子系统监护下，对公众展出，供参观者观赏。

为了纪念霍普钻石进入史密森国家自然历史博物馆50周年，2009年，博物馆正式对外宣布，霍普钻石将以一种崭新的镶嵌款式，进行重新镶嵌后，对外公开展览。从原来的首饰上，拆下霍普钻石，进行清洗，清洗后的霍普钻石裸石，也公开对外进行了展览。这样的展览方式，也是霍普钻石，进入史密森国家自然历史博物馆后的第一次。

2010年11月18日，霍普钻石以一种崭新的镶嵌款式，正式对公众展出，这种镶嵌的款式，命名为"拥抱霍普钻石"（图6-15），新的设计是由哈里·温斯顿公司完成。这一镶嵌款式，是从三个备选的方案中脱颖而出的。2012年1月13日，钻石又恢复到了原来具有历史意义的镶嵌款式。

图6-15 拥抱霍普钻石

4. 霍普钻石的宝石学特征

霍普钻石不仅历史悠久，而且在科学上也具有非常独特的性质。自然界的钻石可以分为两种主要类型，分别称为Ⅰ型钻石和Ⅱ型钻石。其中Ⅰ型钻石比Ⅱ型钻石多1000倍，颜色呈白色到浅黄色。每种类型又可进一步分成两个亚类，分别称为a型和b型，其中Ⅱa型钻石又比Ⅱb型钻石约多1000倍。也就是说，在钻石中Ⅱb型钻石是非常稀少的。

所有Ⅱb型钻石，在颜色上呈现蓝色或灰蓝色，其中大部分产自南非的普列米尔（Premier）钻石矿。Ⅱb型钻石的性质是非常独特的，这并不是因为它们是蓝色的，而是由于它们是电的半导体。此外，在科学上也有着非常特殊的用途。

自从20世纪50年代以来，人们已经掌握了用电子辐射的方法来优化和改变钻石的颜色。也就是说，可以把Ⅰ型钻石改色为蓝色钻石。但是，人工改成蓝色的钻石，仍属于Ⅰ型钻石，它是良好的电绝缘体，而天然的Ⅱb型蓝色钻石，则可以导电。

英国著名的宝石学家罗伯特·韦伯斯特（Robert Webster），用实验的方法证实了这一科学事实。他把2颗蓝色的钻石放在绝缘的金属板上，然后用一绝缘的探针接上电源，分别进行测试，其中1颗钻石没有出现任何现象，表明它为电的绝缘体，因此可以确定它是人工改色的蓝色钻石。而另一颗钻石在通电后几秒钟，即开始发光和发热，这是1颗天然的蓝色钻石，如果通电时间过长，该钻石将转变为钻石的同分异构体——石墨，并起火燃烧。

自从霍普钻石进入华盛顿史密森国家自然历史博物馆后，曾离开过四次。1962年，曾在巴黎卢浮宫举办的法国珠宝百年纪念展览会展出；1965年，在南非兰德复活节展览会（Rand Easter Show）展出；1984年和1996年两次短暂回到了捐赠人哈里·温斯顿在纽约所设的公司展出。

1988年，来自美国宝石学院（GIA）的专家，对霍普钻石进行了全面科学的检测，它的大小为25.60mm×21.78mm×12.00mm，重量为45.52ct。1996年，美国宝石学院的专家对霍普钻石的颜色分级为彩深带灰的蓝色（Fancy Deep Grayish Blue）。霍普钻石经紫外光照射（波长小于350nm）后，再关闭紫外灯，在暗色背景下，霍普钻石会产生磷光现象，且磷光的颜色是深红色的（图6-16），这一点使研究人员感到非常意外，并难以解释这一现象。

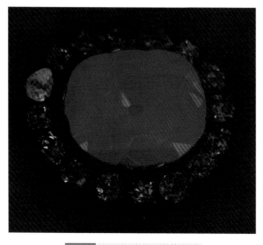

图6-16 发红色磷光的霍普钻石

六、历久弥新的韦特尔斯巴赫-格拉夫钻石

韦特尔斯巴赫钻石（Wittelsbach Diamond，图6-17），是一颗产自印度的历史悠久的钻石。重35.56ct，钻石的直径为24.4mm，深度为8.29mm，共有82个刻面，颜色为彩深带灰的蓝色（Fancy Deep Grayish Blue）。

图6-17　韦特尔斯巴赫钻石

1. 韦特尔斯巴赫钻石的传奇经历

韦特尔斯巴赫钻石是1颗有着传奇经历的钻石。1667年，这颗钻石出现在西班牙，那时它作为西班牙国王菲利浦四世（Philip Ⅳ）的女儿玛格丽特·塞雷莎（Margaret Theresa）和奥地利利奥波德一世（Leopold I）结婚时的嫁妆。

1722年，钻石传给了利奥波德一世的孙女，神圣罗马帝国皇帝约瑟夫一世（Joseph Ⅰ）的女儿玛丽亚·阿美丽亚（Maria Amelia），作为她与巴伐利亚（Bavarian）韦特尔斯巴赫家族的选帝侯查理·阿尔贝特（Charles Albert，后称为查理七世）结婚时的嫁妆。钻石从西班牙的哈布斯堡家族手中，进入了慕尼黑的韦特尔斯巴赫家族之手。

1745年，韦特尔斯巴赫钻石，首次镶嵌在巴伐利亚选帝侯的金羊毛勋章（Order of the Golden Fleece）上。1761年，当韦特尔斯巴赫钻石，从选帝侯的私人宝库转移到国库时，对这颗钻石曾有过这样的描述："净度上等，颜色漂亮，没有其他钻石能和它相比，价值30万弗罗林（florin），重36ct。"

1806年，马克西米连四世（Maximilian Ⅳ）成为巴伐利亚的国王时，他的加冕王冠上，韦特尔斯巴赫钻石是王冠上的主要饰物（图6-18）。钻石镶嵌在巴

图6-18 镶嵌在巴伐利亚王冠上的韦特尔斯巴赫钻石（钻石镶嵌在王冠顶部十字架的下方）

伐利亚的王冠上，一直延续了100多年。1918年，第一次世界大战后，巴伐利亚王室的所有财产被转换成特殊的基金，1921年这颗钻石最后一次在公众场合"亮相"，是出现在巴伐利亚路德维希三世（Ludwig Ⅲ）的葬礼上。而这颗蓝钻石，自1722年以来，直到1951年，一直属于巴伐利亚韦特尔斯巴赫家族所有。

2. 韦特尔斯巴赫钻石的交易与拍卖

在世界经济大萧条时期的1931年，韦特尔斯巴赫家族曾试着出售这颗钻石，但在当时的经济条件下，没有找到买主。直到1951年才卖出这颗钻石。1958年，韦特尔斯巴赫钻石曾在比利时布鲁塞尔的世界博览会上展出。

1961年，韦特尔斯巴赫钻石出现在了安特卫普，一名钻石商人，就1颗老矿型钻石咨询钻石专家约瑟夫·孔克默的意见。钻石商人计划将这颗老矿型钻石进行重新切磨，孔克默看到这颗钻石后，非常惊讶，根据他的知识和经验判断，这是一颗具有历史意义的蓝色钻石，他举着钻石仔细地观察，然后自言自语道：如果重新切磨这颗钻石将是一种"犯罪"，将毁掉这颗钻石的历史价值。孔克默拒绝了重新切磨这颗钻石的要求，并且联系了一些珠宝商，共同买下了这颗具有历史意义的钻石。

1964年，韦特尔斯巴赫钻石成为个人的收藏品。后来，德国著名的百货连锁经营商海尔默特·霍顿（Helmut Horten）买下了这颗钻石，并在1966年的结婚典礼上，送给了妻子海迪（Heidi）。

据报道，2008年12月11日在伦敦佳士得拍卖公司，韦特尔斯巴赫钻石以2430万美元的拍卖价成交。即使在当时全球经济不景气的大背景下，这颗钻石仍然拍出了如此高的"天价"，而钻石的估价为900万英镑，但却拍出了刷新拍卖纪录的价格。据这次拍卖的伦敦佳士得拍卖公司国际珠宝主管说："这是我最大荣幸与毕生梦想，能遇到像韦特尔斯巴赫这颗博物馆级钻石。"而钻石竞买的得主，是英国著名的钻石商劳伦斯·格拉夫（Laurence Graff）。

钻石买入后不久，格拉夫公布了自己的计划，他决定重新切磨韦特尔斯巴赫钻石，以去除钻石腰部的瑕疵，增强钻石的颜色，提高钻石的净度。2010年1月7日，有报道称，重新切磨韦特尔斯巴赫钻石的工作，已经完成。钻石的颜色和净度得到了一定程度的改善和提高，在重新切磨过程中，共计损失重量4.5ct。重新切磨后的钻石，被命名为韦特尔斯巴赫-格拉夫钻石（Wittelsbach-Graff Diamond，图6-19）。

图6-19 韦特尔斯巴赫-格拉夫钻石

重新切磨后的钻石重量为31.06ct，美国宝石学院对钻石的颜色进行了评估，颜色等级为彩深蓝色（Fancy Deep Blue），净度等级达到了内部无瑕（IF）级，重新切磨使钻石的颜色和净度，都有了一定程度的提高。但是，重新切磨工作，也遭到了一些专家的严厉批评和质疑，高百利·托克瓦斯基（Gabriel Tolkowsky）认为重新切磨这颗钻石是"文明的终结"。德国历史博物馆馆长汉斯·奥托梅耶（Hans Ottomeyer）教授认为，重新切磨这颗历史钻石，就好比在伦布兰特（Rembrandt，荷兰著名画家，1609—1669）的油画上，重新上了颜色。

七、金碧辉煌的蒂芙尼钻石

蒂芙尼钻石（Tiffany Diamond，图6-20），1878年，发现于南非金伯利地区的金伯利钻石矿，原石重287.42ct。后被美国蒂芙尼珠宝公司的创始人查理·刘易斯·蒂芙尼（Charles Lewis Tiffany）买下，并在时年23岁的美国著名矿物学家、宝石学家乔治·弗雷德里克·孔兹（George Frederick Kunz）的监督下，由巴黎的钻石切磨师切磨成长角型琢型，在切磨前，孔兹对该钻石进行了近1年的研究。钻石共切磨了90个刻面，其中冠部刻面40个，亭部刻面48个，以及台面和底小面，切磨后钻石重量为128.51ct。

图6-20　蒂芙尼钻石

蒂芙尼钻石曾被相继镶嵌于四个不同设计的作品上，其中，1961年根据楚门·卡波特（Truman Capote）的小说改编的影片《蒂芙尼的早餐》（Breakfast at Tiffany's）宣传海报上的缎带项链（图6-21），由蒂芙尼传奇设计师让·史隆伯杰（Jean Schlumberger）精心设计，经由好莱坞著名影星奥黛莉·赫本（Audrey Hepburn）佩戴，刊登于电影《蒂芙尼的早餐》海报，将蒂芙尼钻石，永远定格在经典的电影之中（图6-22）。1995年，经由同一个设计师之手重新设计，创作了著名的"石上鸟"胸针（图6-23）。钻石镶嵌的小鸟活灵活现地栖息于蒂芙尼钻石之上，再次成就了蒂芙尼的高光时刻。2013年，蒂芙尼公司为蒂芙尼钻石，赋予了全新的设计，呈现在一条极致奢华的铂金钻石项链上（图6-24）。

2007年4月18日至9月23日，蒂芙尼钻石曾在美国华盛顿史密森国家自然历史博物馆展出。如今，成千上万的顾客，仍然可以在位于纽约第五大道蒂芙尼专卖店的一楼橱窗中，看到蒂芙尼钻石。

图6-21　蒂芙尼钻石缎带项链

图6-22　佩戴蒂芙尼钻石缎带项链的好莱坞著名影星奥黛莉·赫本

图6-23　"石上鸟"胸针　　　图6-24　蒂芙尼钻石项链

八、唯美璀璨的奥本海默钻石

奥本海默钻石（Oppenheimer Diamond，图6-25），1964年，发现于南非金伯利地区的杜托依斯潘钻石矿，钻石呈黄色，具有完整的八面体晶形，重253.70ct。美国著名珠宝商哈里·温斯顿，得到发现这颗钻石的消息后，立即做出了购买的决定，并将其命名为奥本海默钻石。并将这颗钻石捐赠给华盛顿史密森国家自然历史博物馆，以纪念已故的戴比尔斯钻石公司主席厄内斯特·奥本海默爵士（Sir Ernest Oppenheimer）。

图6-25 奥本海默钻石

九、富丽堂皇的威廉姆逊钻石

威廉姆逊钻石（Williamson Diamond），是1颗著名的粉红色钻石。该钻石由约翰·索伯恩·威廉姆逊（John Thoburn Williamson）博士，发现于坦桑尼亚的姆瓦杜伊（Mwadui）矿，这座矿山是目前世界上面积最大的金伯利岩型钻石矿。这个含钻石的金伯利岩岩筒，是1940年3月由加拿大著名地质学家——约翰·威廉姆逊博士，带领的研究小组，经过5年的艰苦努力和辛勤劳动发现的。

钻石原石重54.5ct，以约翰·威廉姆逊博士的名字命名。1947年11月，英国的伊丽莎白公主和菲利浦亲王结婚时，威廉姆逊将这颗钻石原石送给了伊丽莎白公主，即现在的英国女王——伊丽莎白二世。这颗钻石由伦敦的钻石切磨师波利费尔（Briefel）和莱默（Lemer）切磨，切磨后的钻石重量为23.60ct。由于这颗钻石颜色特殊且质量优异，曾被认为是世界上最优质的钻石之一。1952年，卡地亚公司受命将这颗饰钻，镶嵌在一枚花形胸针的中心，而花瓣所用的钻石，也是由产自姆瓦杜伊钻石矿的钻石切磨而成的（图6-26）。这颗钻石现属英国皇家珠宝。

图6-26 花形胸针饰品（饰品中央为威廉姆逊钻石）

十、绝无仅有的德累斯顿绿钻石

德累斯顿绿钻石（Dresden Green Diamond，图6-27），是一颗天然的优质绿色钻石。在自然界天然的绿色钻石是非常稀有的，而优质的绿色钻石则更为稀少。作为一颗优质的绿色钻石，德累斯顿绿钻石的经历相对而言，平淡了许多。

1. 德累斯顿绿钻石的经历

德国的德累斯顿在萨克森的选帝侯——强健王弗雷德里克·奥古斯塔斯一世（Frederic Augustus Ⅰ）统治时期，曾是欧洲的文化艺术中心之一，建造了许多

图6-27 德累斯顿绿钻石

具有巴洛克风格的建筑物，收藏了大量的雕塑、绘画等艺术品。此外，强健王奥古斯塔斯还专门为珠宝和其他高价值的艺术品，在德累斯顿城堡的两侧建造了8个展厅，室内按照法国风格进行装饰，并称之为绿宫（Green Vault），其中第八号展厅专门用于陈列皇家珠宝。

继任的选帝侯——弗雷德里克·奥古斯塔斯一世的儿子，弗雷德里克·奥古斯塔斯二世（Frederic Augustus II）1742年在莱比锡买下了一颗优质的绿色钻石，呈梨型琢型，具有58个刻面，重量为40.70ct。奥古斯塔斯二世把这颗钻石存放在绿宫中，除了偶然饰用外，这颗钻石在绿宫中静静地陈列了两个多世纪。

最初，根据奥古斯塔斯二世的旨意，德累斯顿绿钻石镶嵌在一枚金羊毛勋章上。1746年，国王又下令重新改制了这枚勋章，将德累斯顿绿钻石和德累斯顿白钻石（Dresden White Diamond）结合在了一起（图6-28）。

其中德累斯顿白钻石，是一颗白色的正方型琢型的钻石，重49.71ct，是由强健王奥古斯塔斯所购，德累斯顿绿钻石还曾被镶嵌在一顶帽子上，而德累斯顿白钻石，从金羊毛勋章上取下后，被镶嵌在一枚肩饰上。此外，还有一颗德累斯顿黄钻石（Dresden Yellow Diamond），为圆钻型琢型，重38ct。

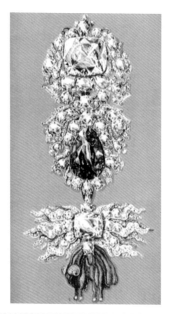

图6-28 镶嵌德累斯顿绿钻石和德累斯顿白钻石（顶部）的金羊毛勋章

关于德累斯顿绿钻石的产地，人们通常认为它产自印度，但是这种认识并没有确切的依据。因此，有的人认为德累斯顿绿钻石可能产自巴西，自18世纪20年代后，巴西已逐渐取代了印度成为世界主要的钻石出产国。而奥古斯塔斯二世是从一名荷兰商人手中，买得这颗钻石的。荷兰的阿姆斯特丹，曾是17世纪世界钻石的切磨中心，而巴西钻石的发现，引发了阿姆斯特丹钻石切磨业的复苏，巴西产的钻石原石源源不断地送往阿姆斯特丹，这一推断或许可以作为判断德累斯顿绿钻石产地的一个依据。但是，有一点可以肯定，德累斯顿绿钻石的原石，由于它特有的颜色和块度，见过这颗钻石的人，一定会留下深刻的印象，推测这颗钻石的原石重约100ct。

第二次世界大战期间，存放在德累斯顿绿宫中的珠宝，转移到了柯尼希施泰因（Konigstein）易北河旁的萨克森城堡。因此，这些珍宝躲过了盟军对德累斯顿的猛烈空袭，在空袭中，德累斯顿的大部分建筑被炸毁了。

战后，这些珍宝被带到了莫斯科，其中包括3颗德累斯顿钻石（德累斯顿绿钻石、德累斯顿白钻石、德累斯顿黄钻石）。1958年，这些珍宝又物归原主，现在这3颗钻石再次陈列在绿宫中，供人参观。

2. 德累斯顿绿钻石的宝石学特征

德累斯顿绿钻石的宝石学特征究竟是怎样的呢？1988年，美国宝石学院（GIA）的两位资深宝石专家，在德累斯顿首次对这颗宝石进行了详细的宝石学检测。结果表明，德累斯顿绿钻石，不仅具有非同一般的质量，而且还是1颗罕见的Ⅱa型钻石，其内部不含氮和其他任何杂质。净度等级为VS_1，也就是说，这颗绿色钻石的净度还是比较高的。这颗钻石的大小为29.75mm×19.88mm×10.29mm。更出乎意料的是，这颗钻石的对称度分级是"好"，抛光度分级是"极好"。对于1颗在1741年切磨的钻石来讲，这样的切磨水平，是相当令人惊讶的，也间接地说明了当时的钻石切磨工艺水平。另外，德累斯顿绿钻石，具有一种天然的绿色体色，其颜色介于祖母绿的鲜绿色和绿玉髓的灰绿色之间，无论从任何方向观察，颜色都十分美丽。

当时，为准确测定这颗钻石的重量还颇费了番周折，因为钻石极其珍贵，又不容易从金属底座上取下来，如果强行取下，有可能损坏金属底座。最后，宝石专家绞尽脑汁，才获得了这颗钻石的重量数据，为40.70ct。

参考文献

［1］黄先觉.金刚石成因及原生矿床形成的地质环境分析［J］.安徽地质,2015,25(1):35-37.

［2］张培元.论金刚石的成因和成矿作用及找矿方向［J］.地质科技管理,1999,(4):28-36.

［3］廖宗廷,周祖翼.宝石级原生金刚石的形成条件及成因［J］.同济大学学报,1996,24(2):178-182.

［4］路凤香.金伯利岩与金刚石［J］.自然杂志,2008,30(2):63-66.

［5］雷雪英.金伯利岩研究进展综述［J］.中山大学研究生学刊:自然科学、医学版,2017,38(1):41-51.

［6］曾璇.钾镁煌斑岩岩石学特征、分类与金刚石矿床成矿［J］.中山大学研究生学刊:自然科学、医学版,2017,37(2):58-67.

［7］袁瑜.俄罗斯的钻石采选业［J］.矿业装备,2015(7):42-47.

［8］李小菊,周汉利,李举子.宝石刻面琢型的演化和发展［J］.宝石和宝石学杂志,2007,9(4):37-40.

［9］汪淑慧.金刚石的X光拣选［J］.国外金属矿选矿,2006(4):20-22.

［10］中华人民共和国国家质量监督检验检疫总局,中国国家标准化管理委员会.中华人民共和国国家标准:钻石分级GB/T 16554—2017［S］.北京:中国标准出版社,2017,10.

［11］王久华,魏然.中国金刚石(钻石)资源分布及产出特征［C］.珠宝与科技:中国珠宝首饰学术交流会论文集,2013,38-43.

［12］Fisher D.辐照处理钻石的颜色处理及鉴定［C］.2009中国珠宝学术交流会论文集,2009,1-2.

［13］陆太进.钻石鉴定和研究的进展［J］.宝石和宝石学杂志,2010,12(4):1-5.

［14］严俊,刘晓波,陶金波,等.天然钻石与合成钻石的钻石观测仪鉴定特征研究［J］.光学学报,2015,35(10):169-177.

［15］唐诗,苏隽,陆太进,等.化学气相沉积法再生钻石的实验室检测特征研究［J］.岩矿测试,2019,38(1):62-70.

［16］宋中华,陆太进,苏隽,等.无色-近无色高温高压合成钻石的谱图特征及其鉴别方法［J］.岩矿测试,2016,35(5):496-504.

［17］贾琼,陈美华.高压高温处理和辐照处理钻石的发光性及荧光光谱特征［J］.宝石和宝石学杂志,2018,20(3):1-8.

［18］李桂林,陈美华,颜慰萱,等.高温高压处理钻石的谱学特征综述［J］.宝石和宝石学杂志,2008,10(1):29-32.

［19］王昶,申柯娅.珠宝首饰的质量与价值评估［M］.武汉:中国地质大学出版社,2011,8.

［20］申柯娅,王昶,袁军平.珠宝首饰鉴定［M］.2版.北京:化学工业出版社,2017,9.

［21］申柯娅,王昶.钻石鉴定与分级［M］.北京:化学工业出版社,2015,3.

［22］岳素伟.宝玉石矿床与资源［M］.广州:华南理工大学出版社,2018,8.

［23］Svisero D P, Shigley J E, Weldon R. Brazilian Diamonds: A Historical and Recent Perspective［J］. Gems & Gemology, 2017, 53(1):2-33.

［24］Renfro N D, Koivula J I, Muyal J,et al. Chart: Inclusions in Natural, Synthetic, and Treated Diamond［J］. Gems & Gemology, 2018, 54(4):428-429.

［25］Janse A J A. A History of Diamond Sources in Africa: Part I［J］. Gems & Gemology, 1995, 31(4):228-255.

［26］Janse A J A. A History of Diamond Sources in Africa: Part II［J］. Gems & Gemology, 1996, 32(1):2-30.

［27］Crowningshield R. Grading the Hope Diamond［J］. Gems & Gemology, 1989, 25(2):91-94.

［28］King J M, Wang W Y. Very Large Rough Diamond［J］. Gems & Gemology, 2013, 49(2):116-117.